电网企业安全生产系列口袋书

低压电气设备
倒闸操作

《电网企业安全生产系列口袋书》编写组　编

合闸位置

开关位置　合　分

关位置　合　分

U0643420

中国电力出版社
CHINA ELECTRIC POWER PRESS

图书在版编目（CIP）数据

低压电气设备倒闸操作 / 《电网企业安全生产系列口袋书》编写组编. -- 北京：中国电力出版社，2024.12. --（电网企业安全生产系列口袋书）. -- ISBN 978-7-5198-9208-1

Ⅰ．TM52

中国国家版本馆 CIP 数据核字第 2024LR0161 号

出版发行：中国电力出版社
地　　址：北京市东城区北京站西街 19 号（邮政编码 100005）
网　　址：http://www.cepp.sgcc.com.cn
责任编辑：周秋慧　鲍怡彤　袁博洋
责任校对：黄　蓓　马　宁
装帧设计：赵姗姗
责任印制：石　雷

印　　刷：北京九天鸿程印刷有限责任公司
版　　次：2024 年 12 月第一版
印　　次：2024 年 12 月北京第一次印刷
开　　本：880 毫米 ×1230 毫米　64 开本
印　　张：2.125
字　　数：62 千字
印　　数：0001—2000 册
定　　价：25.00 元

内容提要

　　本书结合现场实际操作，针对无票操作、操作不规范等现象，将发生的违章操作行为一一列举并加以改正，将操作正确流程标准化绘制，帮助现场作业人员提高安全意识、执行安全规程、规范作业行为、掌握安全技能。本书主要包括低压电气操作票的使用范围与填写、低压电气设备操作流程、低压倒闸操作要求、低压电气操作票填写和使用常见错误、低压电气操作票管理、典型低压电气操作票填写举例等内容。

　　本书采用图视化的方式编写，图文并茂、一目了然，使文字变得更直观、形象，既方便学习又便于执行。

电力生产的客观规律和电力在国民经济的特殊地位，决定了电力生产必须坚持"安全第一，预防为主，综合治理"的方针。电力生产具有生产环节多、现场带电设备多、交叉作业多的特点。为更好地帮助现场作业人员提高安全意识、学习安全生产知识、规范作业行为、掌握安全技能，特编写《电网企业安全生产系列口袋书》。

农村电网低压电气操作是确保现场安全最重要、最基础的安全技术措施，正确使用低压电气操作票，规范现场各类低压电气操作能有效杜绝和减少供电服务员工工伤或工亡事故的发生。依据《农村电网低压电气安全工作规程》（DL/T 477—2021），结合现场操作实际，特编写本书。本书主要包括低压电气操作票的使用范围与填写、低压电气设备操作流程、低压倒闸操作要求、低压电气操作票填写和使用常见错误、低压电气操作票管理、典型低压电气操作票填写举例等内容。本书通俗易懂，小开本设计携带方便，便于现场操作使用。本书由王晴、王暖、孙泽浩、李明宇、李雷、孙瑞红编写。

本书可以作为电力现场作业人员和安全管理人员的必备案头书，也可供新进员工学习培训使用。

编者

2024 年 10 月

目　录

第一章

低压电气操作票使用范围

一、低压电气设备停、送总电源操作应使用低压电气操作票

（1）低压线路及设备停、送电源操作应使用低压电气操作票。

（2）400V 母线停、送电源操作应使用低压电气操作票。

（3）低压电容器停、送电源操作应使用低压电气操作票。

（4）低压开关、刀开关、计量屏、计量柜的停、送电源操作应使用低压电气操作票。

二、装设、拆除接地线操作应使用低压电气操作票

（1）拆除接地线应使用低压电气操作票。

（2）装设接地线应使用低压电气操作票。

（3）验电应使用低压电气操作票。

（4）检查送电范围有无接地短路线应使用低压电气操作票。

三、双电源解列、并列操作应使用低压电气操作票

（1）进行双电源的解列操作时，应先拉开主供电源开关及刀开关，后合上用户双向刀开关。

（2）进行双电源并列操作时，应先拉开用户双向刀开关，后合上主供电源开关。

四、悬挂标示牌操作应使用低压电气操作票

悬挂标示牌操作应使用低压电气操作票（见图1-1）。

图 1-1　标示牌

五、事故处理可不使用低压电气操作票

事故处理可不使用低压电气操作票。但事后必须及时做好记录。如发生危及人身安全情况，应立即拉开电源开关，事后应立即报告上级领导并做好记录（见图 1-2）。

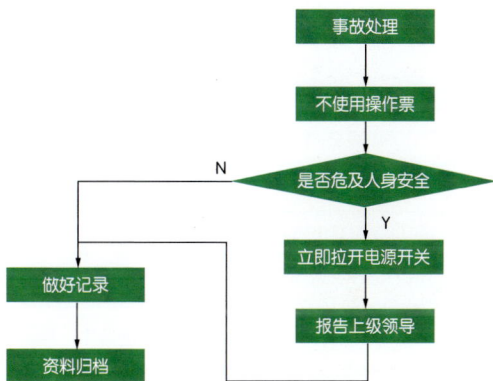

图 1-2　事故处理流程图

第二章

低压电气操作票填写

一、操作任务栏填写要求

（1）操作任务应填写设备双重名称，即低压电气设备的名称和编号，如照明 1 线 101 开关（见表 2-1）。

表 2-1　低压电气操作票

单位	闻韶供电所		编号	000000590
发令人	钱丁	受令人	赵贞	发令时间	2019 年 12 月 26 日 08 时 49 分

操作开始时间：	操作结束时间：
2019 年 12 月 26 日 09 时 19 分	2019 年 12 月 26 日 09 时 46 分

（√）监护操作	（　）单人操作

操作任务：李庄 2 号配电室 1 号配电屏照明 1 线 101 开关由运行转为检修

顺序	操作项目	√
1	确认 1 号配电屏照明 1 线 101 低压断路器	√
2	拉开 1 号配电屏照明 1 线 101 低压断路器	√
3	检查 1 号配电屏照明 1 线 101 低压断路器三相确已拉开	√

（续表）

4	取下 1 号配电屏照明 1 线 101u 相熔断器	√
5	检查 1 号配电屏照明 1 线 101u 相熔断器确已取下	√
6	取下 1 号配电屏照明 1 线 101v 相熔断器	√
7	检查 1 号配电屏照明 1 线 101v 相熔断器确已取下	√
8	取下 1 号配电屏照明 1 线 101w 相熔断器	√
9	检查 1 号配电屏照明 1 线 101w 相熔断器确已取下	√
10	拉开 1 号配电屏照明 2 线 102 低压断路器	√
11	检查 1 号配电屏照明 2 线 102 低压断路器三相确已拉开	√
12	取下 1 号配电屏照明 2 线 102u 相熔断器	√
13	检查 1 号配电屏照明 2 线 102u 相熔断器确已取下	√
14	取下 1 号配电屏照明 2 线 102v 相熔断器	√
15	检查 1 号配电屏照明 2 线 102v 相熔断器确已取下	√
16	取下 1 号配电屏照明 2 线 102w 相熔断器	√

备注：（1）本票接下页 000000591 号

　　　（2）李庄 2 号配电室 1 号配电屏照明 1 线 101 开关更换。

操作人：李元　　　监护人：赵贞　　　值班负责人：周进

（2）每张低压电气操作票只能填写一个操作任务（见表 2-2）。一个操作任务是指根据同一操作命令为了相同的操作目的而进行的一系列相关联并依次进行的不间断低压操作过程。

表 2-2　低压电气操作票

单位	闻韶供电所		编号	000000231
发令人	钱丁	受令人　赵贞	发令时间	2019 年 12 月 22 日 08 时 30 分
操作开始时间： 2019 年 12 月 22 日 09 时 11 分			操作结束时间： 2019 年 12 月 22 日 09 时 39 分	
（√）监护操作			（　）单人操作	
操作任务：周家 1 号配电室 1 号配电屏村南线由运行转为检修				

顺序	操作项目	√
1	确认 1 号配电屏村南线 11 开关	√
2	拉开 1 号配电屏村南线 11 开关	√
3	检查 1 号配电屏村南线 11 开关三相确已拉开	√
4	拉开 1 号配电屏村南线 11 刀开关	√
5	检查 1 号配电屏村南线 11 刀开关三相确已拉开	√
6	在 1 号配电屏村南线 11 开关上悬挂"禁止合闸、有人工作"标示牌	√
7	在 1 号配电屏村南线 1 号杆电源侧验电确无电压	√
8	在 1 号配电屏村南线 1 号杆电源侧装设 3 号接地线	√
	↯	

（续表）

	已执行	
备注：		
操作人：李元　　　监护人：赵贞　　　值班负责人：周进		

（3）低压电气操作票序号：一个操作任务用多张低压电气操作票时，在首张及以后低压电气操作票备注栏填写"本票接下页XX号"，在第二张及以后低压电气操作票的备注栏填写"本票承上页XX号"（见表2-3、表2-4）。

表2-3　低压电气操作票

单位	闻韶供电所		编号	000000790
发令人	钱丁	受令人　赵贞	发令时间	2019年12月26日08时49分
操作开始时间： 2019年12月26日09时19分		操作结束时间： 2019年12月26日09时46分		
（√）监护操作			（　）单人操作	

（续表）

顺序	操作项目	√
操作任务：李庄 2 号配电室 1 号配电屏照明 1 线 101 开关由运行转为检修		
1	确认 1 号配电屏照明 1 线 101 低压断路器	√
2	拉开 1 号配电屏照明 1 线 101 低压断路器	√
3	检查 1 号配电屏照明 1 线 101 低压断路器三相确已拉开	√
4	取下 1 号配电屏照明 1 线 101u 相熔断器	√
5	检查 1 号配电屏照明 1 线 101u 相熔断器确已取下	√
6	取下 1 号配电屏照明 1 线 101v 相熔断器	√
7	检查 1 号配电屏照明 1 线 101v 相熔断器确已取下	√
8	取下 1 号配电屏照明 1 线 101w 相熔断器	√
9	检查 1 号配电屏照明 1 线 101w 相熔断器确已取下	√
10	拉开 1 号配电屏照明 2 线 102 低压断路器	√
11	检查 1 号配电屏照明 2 线 102 低压断路器三相确已拉开	√
12	取下 1 号配电屏照明 2 线 102u 相熔断器	√
13	检查 1 号配电屏照明 2 线 102u 相熔断器确已取下	√
14	取下 1 号配电屏照明 2 线 102v 相熔断器	√
15	检查 1 号配电屏照明 2 线 102v 相熔断器确已取下	√
16	取下 1 号配电屏照明 2 线 102w 相熔断器	√

备注：（1）本票接下页 000000791 号

（2）李庄 2 号配电室 1 号配电屏照明 1 线 101 开关更换。

操作人：李元　　　监护人：赵贞　　　值班负责人：周进

表 2-4　低压电气操作票

单位	闻韶供电所		编号	000000791
发令人	钱丁	受令人　赵贞	发令时间	2019 年 12 月 26 日 08 时 49 分
操作开始时间： 2019 年 12 月 26 日 09 时 19 分			操作结束时间： 2019 年 ×× 12 月 26 日 09 时 46 分	
（√）监护操作			（　）单人操作	
操作任务：李庄 2 号配电室 1 号配电屏照明 1 线 101 低压断路器由运行转为检修				

顺序	操作项目	√
17	检查 1 号配电屏照明 2 线 102w 相熔断器确已取下	√
18	拉开 1 号配电屏照明 3 线 103 低压断路器	√
19	检查 1 号配电屏照明 3 线 103 低压断路器三相确已拉开	√
20	取下 1 号配电屏照明 3 线 103u 相熔断器	√
21	检查 1 号配电屏照明 3 线 103u 相熔断器确已取下	√
22	取下 1 号配电屏照明 3 线 103v 相熔断器	√
23	检查 1 号配电屏照明 3 线 103v 相熔断器确已取下	√
24	取下 1 号配电屏照明 3 线 103w 相熔断器	√
25	检查 1 号配电屏照明 3 线 103w 相熔断器确已取下	√
26	拉开 1 号配电屏 10 刀开关	√
27	检查 1 号配电屏 10 刀开关三相确已拉开	√
28	在 1 号配电屏照明 1 线 101 低压断路器与 10 刀开关间验电确无电压	√

（续表）

29	在 1 号配电屏照明 1 线 101 低压断路器与 10 刀开关间装设 2 号接地线	√
30	在 1 号配电屏照明 1 线 101 低压断路器与 101 熔断器间验电确无电压	√
31	在 1 号配电屏照明 1 线 101 低压断路器与 101 熔断器间装设 3 号接地线	√
32	在 1 号配电屏 10 刀开关上悬挂"禁止合闸、有人工作"标示牌	√

乄

已执行

备注：（1）本票承上页 000000790 号

（2）李庄 2 号配电室 1 号配电屏照明 1 线 101 低压断路器更换。

操作人：李元　　　监护人：赵贞　　　值班负责人：周进

（4）设备状态。

1）运行状态（见图 2-1）是指低压电气设备或低压配电线路带有电压，其功能有效。开关（交流接触器、低压智能开关）、刀开关、400V 母线、低压熔断器、低压电容器等低压电气设备的运行状态，是指从该低压电气设备电源至受电端的电路接通并有相应电压（无论是否带有负荷），且低压电气设备的保护及信号正常投入运行。

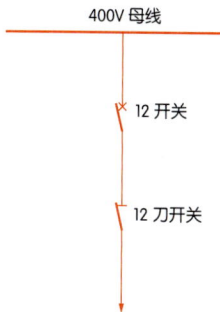

400V 母线

12 开关

12 刀开关

图 2-1　运行状态

2）热备用状态（见图 2-2）是指低压电气设备
已具备运行条件，经一次合闸操作即可转为运行状
态。开关（交流接触器、低压智能开关）、刀开关、
400V 母线、低压熔断器、低压电容器等低压电气设
备的热备用是指连接该低压电气设备的各侧均无安全
措施，各侧的开关全部在拉开位置，且至少一组开关
各侧刀开关处于合上位置，低压电气设备保护及信号
投入运行。开关的热备用是指开关本身在拉开位置，
各侧刀开关处于合上位置，低压设备保护满足带电
要求。

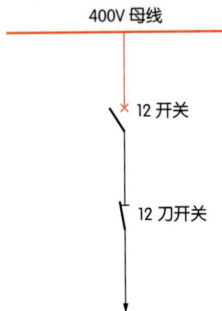

图 2-2   热备用状态

3）冷备用状态（见图 2-3）是指连接该低压设备的各侧均无安全措施，且连接该低压设备的各侧均有明显断开点或可判断的断开点。

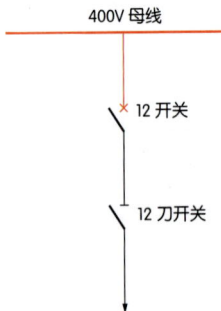

图 2-3   冷备用状态

4）检修状态是指连接该低压电气设备的各侧均有明显断开点或可判断的断开点，需要检修的低压电气设备处于已接地的状态，或该低压电气设备与系统彻底隔离，与断开点低压电气设备没有物理连接的状态（见图2-4）。

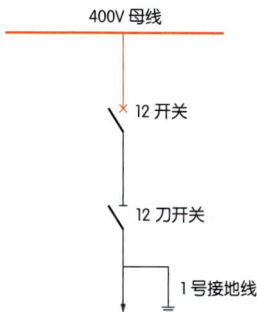

图 2-4　检修状态

（5）低压电气操作票操作任务填写举例。

1）低压电力线路操作任务填写：

吴镇2号配电室1号配电屏照明1线由运行转为检修；

吴镇2号配电室1号配电屏照明1线由检修转为运行。

　　2）配电变压器室低压配电设备操作任务填写：

　　吴镇 2 号配电室 1 号配电屏照明 1 线 11 开关由运行转为冷备用；

　　吴镇 2 号配电室 1 号配电屏照明 1 线 11 开关由冷备用转为运行；

　　吴镇 2 号配电室 400V 母线由运行转为检修；

　　吴镇 2 号配电室 400V 母线由检修转为运行。

　　3）配电变压器室电容器操作任务填写：

　　吴镇 2 号配电室 1 号电容器屏由运行转为热备用；

　　吴镇 2 号配电室 1 号电容器屏由热备用转为运行。

二、操作项目栏填写要求

　　低压电气操作票操作项目栏填写内容如下：

　　（1）应拉开、合上的刀开关、开关（交流接触器、低压断路器）等（见图 2-5）。

　　（2）检查刀开关、开关（交流接触器、低压自动断路器）等的位置（见图 2-6）。

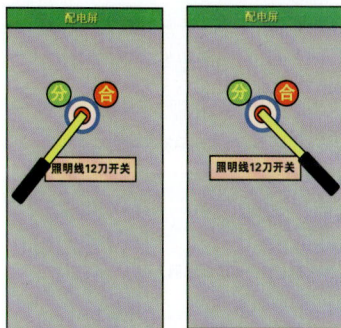

图 2-5 合上刀开关与拉开刀开关

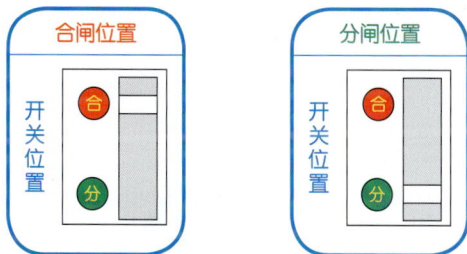

图 2-6 开关合闸位置与分闸位置

（3）检修后的低压设备送电前，检查接地线确已拆除，检查送电范围内确无接地短路（见图 2-7）。

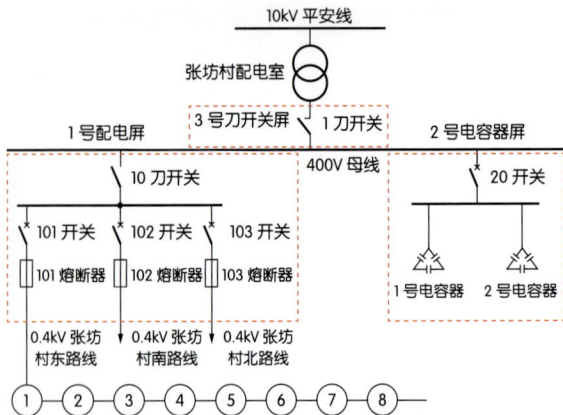

图 2-7　接线图

（4）装设、拆除接地线均应注明接地线的确切地点和编号（见图 2-8）。

图 2-8　装设、拆除接地线

（5）拆除接地线后，检查接地线确已拆除（见图2-9）。

图2-9 检查接地线确已拆除

（6）装设接地线前，应在停电设备上进行验电（见图2-10）。

图2-10 验电

（7）装上、取下低压熔断器，熔断器应分项操作，分项填入低压电气操作票，严禁并项填入低压电气操作票中（见图2-11）。

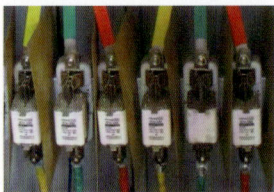

图2-11 熔断器分项操作

（8）低压电气操作前，应核对现场设备的名称、编号，即确认被操作低压电气设备的位置正确（见图2-12）。

图2-12 核对现场设备名称、编号

（9）悬挂或拆除安全标示牌的操作也要填入低压电气操作票中（见图2-13）。

图2-13　悬挂或拆除安全标示牌操作

三、操作项目操作术语

（1）操作开关（交流接触器、低压断路器）、刀开关用"合上""拉开"（见图2-14）。

（2）检查项：①检查开关（交流接触器、低压断路器），用"检查开关（交流接触器、低压断路器）确已拉开（确已合好）"。②检查刀开关，用"检查刀开关确已拉开（确已合好）"。③检查熔断器，用"检查熔断器确已装好（确已取下）"。④检查负荷分配用"指示正确"。

（3）其他项目：①切换二次回路电压开关用"切至"。②装上、取下低压熔断器用"装上""取下"。③装设接地线用"装设""拆除"。④验电用"确无电压"。

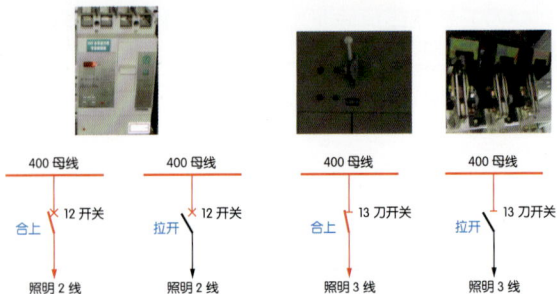

400 母线	400 母线	400 母线	400 母线
合上 12 开关	拉开 12 开关	合上 13 刀开关	拉开 13 刀开关
照明 2 线	照明 2 线	照明 3 线	照明 3 线

图 2-14　操作术语示例

四、低压电气设备

低压电气设备见图 2-15。

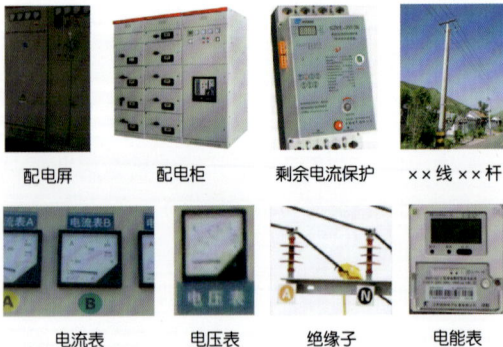

| 配电屏 | 配电柜 | 剩余电流保护 | ××线××杆 |

| 电流表 | 电压表 | 绝缘子 | 电能表 |

图 2-15　低压电气设备术语（一）

配电变压器

主干线

箱式变压器

台式变压器

分支线路

配电室

电容器

避雷器

熔断器

母线

接地线

开关

刀开关

图 2-15　低压电气设备术语（二）

五、备注栏填写要求

低压电气操作票备注栏填写内容如下：

（1）严禁以投入熔件的方法对线路（干线或分支线）进行送电操作。

（2）严禁以切除熔件的方法对线路（干线或分支线）进行停电操作。

（3）在低压倒闸操作中应根据现场实际情况提出需要注意的安全措施并在备注栏中注明。

（4）由于低压倒闸操作发令人临时取消操作任务，合格的低压电气操作票全部未执行，此时操作人应在操作任务栏中盖"未执行"章，且必须在备注栏中注明原因。

（5）低压倒闸操作中出现的问题或因故中断操作应在备注栏中注明。

六、其他栏目填写要求

1. 编号和单位填写要求

（1）低压电气操作票的编号由供电所统一编号，使用时应按编号顺序依次使用，对于低压电气操作票编号不能随意改动，不得出现空号、跳号、重号、错号。

（2）低压电气操作票的 ×× 单位应填入操作人、监护人所在的单位，单位名称要写全称，不能写简称或代号。例如：闻韶供电所。

2. 操作时间填写要求

操作时间填写要求如下，示例见表 2-5。

（1）操作时间统一按照公历的年、月、日和 24h 制填写。

（2）一个操作任务用多张低压电气操作票，操作开始时间填在首页，操作结束时间填在最后一页。

（3）操作开始时间为执行低压倒闸操作项目第一项的时间，操作结束时间为完成低压倒闸操作项目最后一项的时间。

表 2-5　低压电气操作票

单位		闻韶供电所		编号		000000231
发令人	钱丁	受令人	赵贞	发令时间		2019 年 12 月 22 日 08 时 30 分
操作开始时间： 2019 年 12 月 22 日 09 时 11 分				操作结束时间： 2019 年 12 月 22 日 09 时 39 分		
（√）监护操作				（　）单人操作		
操作任务：周家 1 号配电室 1 号配电屏村南线由运行转为检修						

（续表）

顺序	操作项目	√
1	确认 1 号配电屏村南线 11 开关	√
2	拉开 1 号配电屏村南线 11 开关	√
3	检查 1 号配电屏村南线 11 开关三相确已拉开	√
4	拉开 1 号配电屏村南线 11 刀开关	√
5	检查 1 号配电屏村南线 11 刀开关三相确已拉开	√
6	在 1 号配电屏村南线 11 开关上悬挂"禁止合闸、有人工作"标示牌	√
7	在 1 号配电屏村南线 1 号杆电源侧验电确无电压	√
8	在 1 号配电屏村南线 1 号杆电源侧装设 3 号接地线	√
	ↄ	
	已执行	
备注：		
操作人：李元　　　监护人：赵贞　　　值班负责人：周进		

3. 符号填写要求

（1）监护人在操作人完成此项操作并确认无误后，在该项操作项目后打"√"。对于检查项目，监护人唱票后，操作人应认真检查，确认无误后再高声复诵，监护人同时也应进行检查，确认无误并听到操作人复诵后，在该项目后打"√"。严禁操作项目与检查项目一并打"√"。严禁操作后不打"√"，严禁待操作结束后，在低压电气操作票上补打"√"。监护人应使用红笔在操作项目后打"√"。

（2）低压电气操作票按照低压倒闸操作顺序依次填写完毕后，在最后一项操作内容的下一空格中间位置记上终止号"ㄅ"。如果最后一项操作内容下面没有空格，终止号"ㄅ"可记在最后一项操作内容的末尾处。

4. 操作票盖章要求

低压电气操作票项目全部结束，低压电气操作票执行完毕后，监护人应在已执行低压电气操作票的"ㄅ"下一行盖"已执行"章。合格的低压电气操作票全部未执行，监护人在低压电气操作票的"ㄅ"下一行盖"未执行"章，并在备注栏中注明原因。若监护人、操作人操作中途发现问题，应及时汇报低压操作命令发令人并停止操作。该低压电气操作票不得继续使用，并在已操作完项目的最后一项盖"已执行"章，在备注栏注明"本低压电气操作票有错误，自××项起不执行"。对于多张低压电气操作票，应从第二张低压电气操作票起每张低压电气操作票"ㄅ"下一行盖"作废"章，然后重新填写低压电气操作票再继续操作。对于错误的低压电气操作票，在"ㄅ"下一行盖"作废"章。

七、填写注意事项

填写低压电气操作票前，操作人应根据操作命令明确操作任务，了解现场工作内容和要求，对照低压电气设备接线图填写。低压电气操作票填写的设备名称必须与现场实际相符。

第三章

低压电气设备操作流程

一、停电操作流程

1. 低压电气设备停电操作流程图

低压电气设备停电操作流程图见图 3-1。

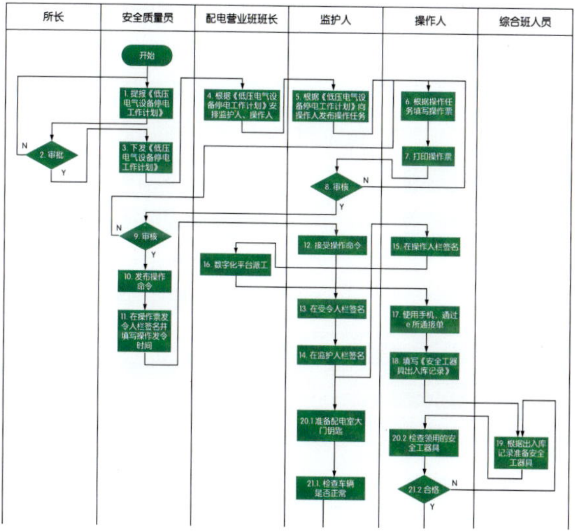

图 3-1　低压电气设备停电操作流程图（一）

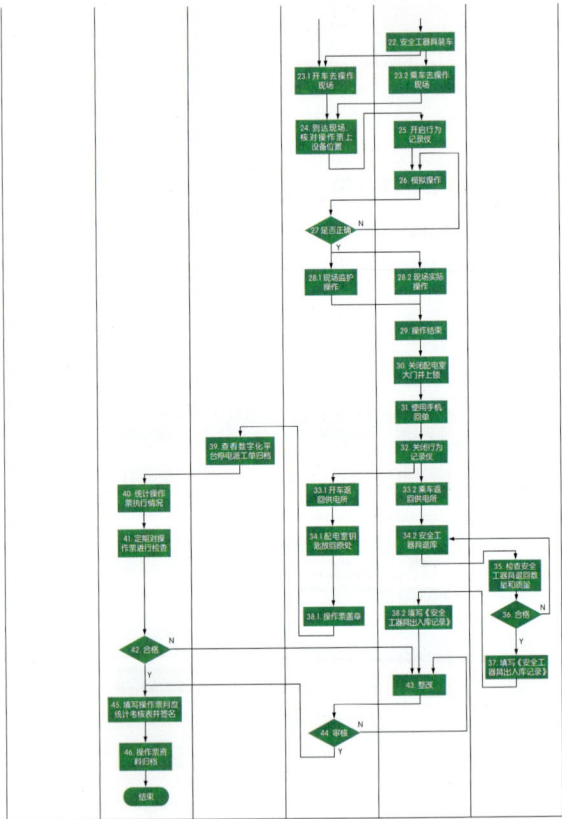

图 3-1　低压电气设备停电操作流程图（二）

2. 低压电气设备停电操作流程图节点说明

节点 1：安全质量员提报《低压电气设备停电工作计划》。

《低压电气设备停电工作计划》包括停电范围、工作内容、停电日期、停电时间、负责单位等内容。《低压电气设备停电工作计划》应明确 ×× 年 ×× 月。"负责单位"应填写 ×× 供电所。"停电范围"应详细填写配电室名称和设备名称，配电室名称和设备名称要与现场实际相符。"停电日期""停电时间"应填写准确，时间不能过长也不能过短。时间过长会造成浪费，既影响居民用电客户的供电时间，也造成供电企业电量损失；时间过短会降低操作质量，操作不能按时完成影响整个工作流程和工作进度，造成安全隐患。因此"停电时间"的填写要实事求是，符合现场实际。示例见表 3-1。

表 3-1　2019 年 12 月低压电气设备停电工作计划

| 序号 | 停电范围 | | 工作内容 | 停电日期 | 停电时间 | 负责单位 | 备注 |
	配电室	设备名称					
1	宋家1号配电室	1号配电屏村南线6号杆	宋家1号配电室1号配电屏村南线6号杆T接动力表箱	22日	9:30~12:00	闻韶供电所	

（续表）

序号	停电范围		工作内容	停电日期	停电时间	负责单位	备注
	配电室	设备名称					
2							
3							

节点2：供电所长审批《低压电气设备停电工作计划》。

供电所长对照被操作低压电气设备的一次接线图核对《低压电气设备停电工作计划》，认真审查停电范围、工作内容、停电日期、停电时间、负责单位填写是否正确，如果有错误应返回安全质量员进行修改，如果对《低压电气设备停电工作计划》中的内容有疑问或不清楚的应联系安全质量员进行询问，清楚后再批准。

节点3：安全质量员下发《低压电气设备停电工作计划》。

《低压电气设备停电工作计划》经过供电所长审批通过后，安全质量员将《低压电气设备停电工作计划》下发给配电营业班班长，并电话或当面交代《低压电气设备停电工作计划》的工作内容和停电原因，让配电营业班班长明白操作对象、操作范围及操作要求，便于正确安排操作人员。

节点4：配电营业班班长根据《低压电气设备停电工作计划》安排监护人、操作人。

配电营业班班长根据配电营业班人员构成情况，安排工作经验丰富的人员担任监护人，安排对现场设备熟悉的人员担任操作人。确定好监护人、操作人后，将安全质量员下发的《低压电气设备停电工作计划》以及被操作低压电气设备的一次接线图交于监护人、操作人，向他们交代本次操作的操作对象、操作范围及操作要求，让他们对于本次操作有一个正确的认识和全面了解。监护人、操作人对本次操作清楚明白且无疑问后，开始准备填写低压电气操作票。

节点5：监护人根据《低压电气设备停电工作计划》向操作人发布操作任务。

在发布操作任务之前，监护人应查看被操作低压电气设备的一次接线图。监护人应根据供电所发令人的停电工作计划内容和专用术语发布操作任务。操作任务发布应简单明了，从操作任务中能看出操作对象、操作范围及操作要求，便于操作人填写低压电气操作票。监护人在发布操作任务时应使用设备双重名称，即电气设备的名称和编号。

节点6：操作人根据操作任务填写低压电气操作票。

填写前操作人应根据《低压电气设备停电工作计划》明确操作任务，了解现场工作内容和要求，并充分考虑此项操作对其设备运行方式的影响是否满足相关要求。使用计算机填写低压电气操作票应根据《农村电网低压电气安全工作规程》（DL/T 477—2021）附录E中低压电气操作票格式要求进行，应使用正确操作术语，设备名称编号应严格按照低压电气设备现场标示牌的双重名称填写。使用计算机打印的低压电气操作票必须与现场实际设备相符，不得直接使用典型低压电气操作票作为现场实际低压电气操作票。

节点7：操作人打印低压电气操作票。

完成低压电气操作票填写后，操作人应立即打印并交给监护人审核。低压电气操作票上发令人、受令人、发令时间、操作开始时间、操作结束时间、操作人、监护人、值班负责人均要手工填写，不能用计算机打印。

节点8：监护人审核低压电气操作票。

监护人应对照被操作低压电气设备的一次接线图

和《低压电气设备停电工作计划》审核低压电气操作票，检查填写的低压电气操作票的操作任务是否与《低压电气设备停电工作计划》的计划工作内容相符，检查填写的低压电气操作票是否与被操作低压电气设备的一次接线图上的设备双重名称相符、设备的位置相符、设备的操作顺序相符。检查低压电气操作票是否出现添项、倒项、漏项情况。通过检查发现设备名称、编号，有关参数、终止号"乛"，操作"动词"（"拉开""合上""装上""取下"等）有错误时，应重新填写并打印低压电气操作票。

节点 9：安全质量员审核低压电气操作票。

安全质量员应对照被操作低压电气设备的一次接线图和《低压电气设备停电工作计划》审核低压电气操作票，检查填写的低压电气操作票的操作任务是否与《低压电气设备停电工作计划》的计划工作内容相符，检查填写的低压电气操作票是否与被操作低压电气设备的一次接线图上的设备双重名称相符、设备的位置相符、设备的操作顺序相符。检查低压电气操作票是否出现添项、倒项、漏项情况。若发现错误，应通知操作人重新填写并打印低压电气操作票。

节点 10：安全质量员发布操作命令。

节点 11：安全质量员在低压电气操作票发令人栏签名并填写操作发令时间。

安全质量员是低压电气操作票的发令人，监护人是低压电气操作票的受令人。操作发令时间必须由安全质量员填写，不得由监护人填写。安全质量员在低压电气操作票发令人栏签名并填写操作发令时间后，将低压电气操作票交给监护人。

节点 12：监护人接受发令人操作命令。

节点 13：监护人在受令人栏签名。

节点 14：监护人在监护人栏签名。监护人应对本次低压电气操作的正确性负全部责任。

节点 15：操作人在操作人栏签名。操作人应对本次低压电气操作的正确性负全部责任。

节点 16：配电营业班班长使用供电所数字化平台进行派工。

节点 17：操作人使用手机，通过 e 所通接单。

操作人使用手机 i 国网 App 进行派工接单，同时绑定现场行为记录仪。

节点 18：操作人填写《安全工器具出入库记录》（见表 3-2）。

操作人会同综合班人员进入供电所安全工器具

室，综合班人员将供电所安全工器具出入库记录交给操作人，由操作人在记录上填写本次操作所需安全工器具。首先填写操作票编号，再填写所需安全工器具名称、编号、规格、领用数量以及用途。特别注意接地线的编号一定要与操作票上的编号一致，接地线的数量必须与操作票上的数量一致。接地线、验电器的电压等级必须与现场设备电压等级一致。填写安全工器具的数量必须满足现场操作的实际需要。操作人在《安全工器具出入库记录》上填写提取时间后，在领用人栏签名，综合班人员将操作人领用的安全工器具名称、数量、规格与《安全工器具出入库记录》上填写的安全工器具名称、数量、规格进行检查，如果一一对应，方可在保管员栏签名。

表 3-2　安全工器具出入库记录

序号	工作票、操作票、派工单编号	工具名称	编号	规格	领用数	项目用途	提取时间	领用人（签名）	保管员（签名）	归还时间	退回数	退回人（签名）	保管员（签名）

节点 19：综合班人员根据出入库记录准备安全工器具。

节点 20.1：监护人准备配电室大门钥匙。

对于箱式变压器，监护人应同时准备箱式变压器外遮拦门钥匙、箱式变压器各方向门钥匙。对于台式变压器，监护人应同时准备台式变压器周围遮拦门钥匙、台式变压器 JP 柜门钥匙。

节点 20.2：操作人检查领用的安全工器具。

节点 21.1：监护人检查车辆是否正常。

出车前要检查机油是否缺油。检查防冻液是否缺少。检查轮胎的气压、磨损程度，如轮胎不合格要及时更换。检查刹车系统是否正常。检查车辆是否有异动响声。乡镇供电所兼职驾驶员做到不得饮酒后驾车，必须系好安全带。不得疲劳驾车。不得超速行车，高速路时速不超过 100km，一般公路时速不超过 80km。驾车中不得接听电话看短信，不与乘客聊天，手机一律调为静音或振动。不得开赌气车。行驶中必须注意高速路口是否有危险，大车前后是否有危险，高速路上车距近是否有危险，公交车站是否有危险。遇有无德行驶，无躲避意识更危险。返回乡镇供电所后检查车辆状况，发现问题及时汇报、处理。有危及行车安全因素时不得出车。当驾驶室内有充足的座席时，乘客不得坐在副驾驶席位。如确需乘坐副驾驶席位时，应系好安全带，不与驾驶人聊天，不得睡觉，不得做影响驾驶人的事情。同时要监督驾驶人按规程驾驶操作。车辆驾驶人要监督乘客文明乘车，对不听劝阻的乘客，驾驶人可拒绝开车。

节点 21.2：操作人确定安全工器具合格。

节点 22：操作人将安全工器具装车。

节点 23.1：监护人开车去操作现场。

节点 23.2：操作人乘车去操作现场。

节点 24：监护人到达现场，核对低压电气操作票上设备位置，打开配电室大门。

监护人与操作人开车到达操作现场后，监护人和操作人相互检查劳动防护用品是否穿戴齐全、符合要求。之后监护人依据低压电气操作票操作内容核对操作设备位置是否正确，方可将配电室大门开锁。如果不进行核对就盲目操作，一旦走错位置，就会造成误操作。

节点 25：操作人开启行为记录仪。

操作人操作时确保行为规范，并全程使用行为记录仪录像录音。操作人长按行为记录仪左侧电源键开机（见图 3-2），开机后正常情况下屏幕右上方平台 1 与平台 2 均显示绿点，（见图 3-3），点击预览（见图 3-4）进入视频画面，行为记录仪已经进入预览状态（见图 3-5）。按下行为记录仪右侧"开始／停止"录像按钮，会听见系统提示音"开启录像"（见图 3-6）。然后将行为记录仪佩戴于胸前合适位置，并将画面调整至最佳，记录现场工作的全过程（见图 3-7）。

图 3-2 开机

图 3-3 屏幕绿点

图 3-4 预览

图 3-5 预览状态

图 3-6 录像按钮

图 3-7 录像

节点 26：操作人进行模拟操作。

节点 27：监护人检查模拟操作是否正确。

节点 28.1：如果模拟操作正确，监护人现场监护操作。

节点 28.2：操作人现场实际操作。

节点 29：操作人操作结束，由监护人在操作票上填写操作结束时间。

节点 30：操作人关闭配电室大门并上锁。

节点 31：操作人使用手机回单。

工作结束后，操作人通过手机 e 所通综合任务界面下滑工单，再次点击获取定位，点击"已完成"后发送工单，工单提交成功，任务结束。

节点 32：操作人关闭行为记录仪。

按下行为记录仪"开始 / 停止"录像按钮（见图 3-8）。长按行为记录仪电源键屏幕弹出关机窗口（见图 3-9）。点击行为记录仪屏幕上的确定键关闭行为记录仪（见图 3-10）。

节点 33.1：监护人开车返回供电所。

节点 33.2：操作人乘车返回供电所。

节点 34.1：监护人将配电室钥匙放回原处。

按照定值管理要求，监护人将使用的配电室钥

图 3-8 录像按钮　　图 3-9 电源键　　图 3-10 确定键

匙应按照编号顺序放回到原来的位置，以方便下次使用。

节点 34.2：安全工器具退库。

操作人将使用的安全工器具退回到安全工器具室。

节点 35：综合班人员检查安全工器具退回数量和质量。

综合班人员将操作人退回的安全工器具名称、数量、规格与《安全工器具出入库记录》上填写的领取安全工器具名称、数量、规格进行核对检查，确保一一对应。

节点 36：综合班人员检查安全工器具是否合格。

综合班人员检查退回的安全工器具有无损坏，没有损坏才能入库，如果有损坏且不能再使用时，应重新配置，损坏的安全工器具应及时报废，严禁继续使用。

节点 37：综合班人员填写《安全工器具出入库记录》。

综合班人员检查安全工器具全部合格，综合班人员在《安全工器具出入库记录》保管员栏签名。

节点 38.1：监护人对低压电气操作票盖章。

监护人应在已执行的低压电气操作票的“ㄅ”下一行盖“已执行”章。合格的低压电气操作票全部未执行，监护人在低压电气操作票的“ㄅ”下一行盖“未执行”章，并在备注栏中注明原因。

节点 38.2：操作人填写《安全工器具出入库记录》。

综合班人员确认安全工器具合格并在《安全工器具出入库记录》上签名后，操作人在《安全工器具出入库记录》上填写归还时间，在退回人栏签名，安全工器具出入库工作完成。

节点 39：配电营业班班长在数字化平台上查看停电派工单归档。

配电营业班班长在供电所综合业务数字化平台导航栏依次点击“我的工单”—“工单任务评价”找到

本次操作工单确认是否已归档。

节点 40：安全质量员统计低压电气操作票执行情况。

节点 41：安全质量员定期对低压电气操作票进行检查。

节点 42：安全质量员检查盖章的低压电气操作票是否合格。

经检查如果低压电气操作票存在问题，安全质量员将问题操作票交给操作人员进行整改。

节点 43：操作人对不合格的低压电气操作票进行整改，整改后交监护人审核。

节点 44：监护人审核整改后的低压电气操作票，如果合格交给安全质量员归档，如果不合格再交给操作人整改，直至合格为止。

节点 45：安全质量员填写低压电气操作票月度统计考核表并签名（见表 3-3）。

节点 46：安全质量员进行操作票资料归档。

表3-3　操作票月度统计考核表

单位：××供电所

序号	日期	操作票编号	操作任务	执行情况			操作人	监护人	考核
				已执行	未执行	作废			
合计：　　张		合格：　　张	不合格：　　张	合格率：　　　%					
评价分析：									

负责人：　　　　　　　填报人：　　　　　　　填报日期：　　年　月　日

填报日期：　　年　月　日

44

二、送电操作管理流程

1. 低压电气设备送电操作流程图

低压电气设备送电操作流程图见图 3-11。

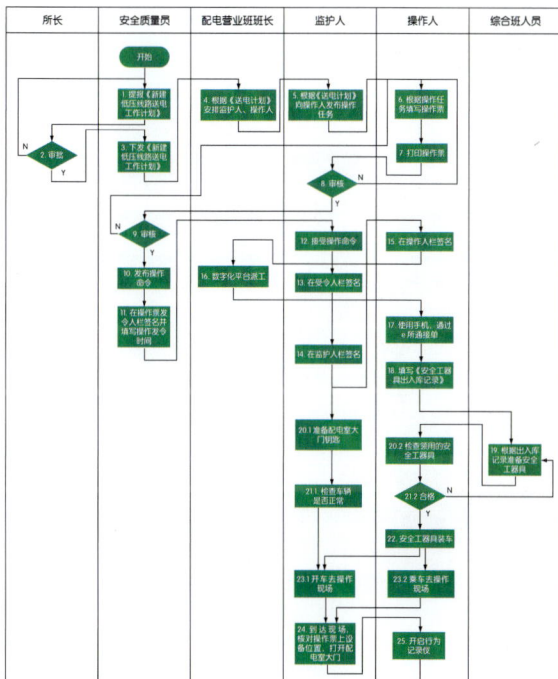

图 3-11 低压电气设备送电操作流程图（一）

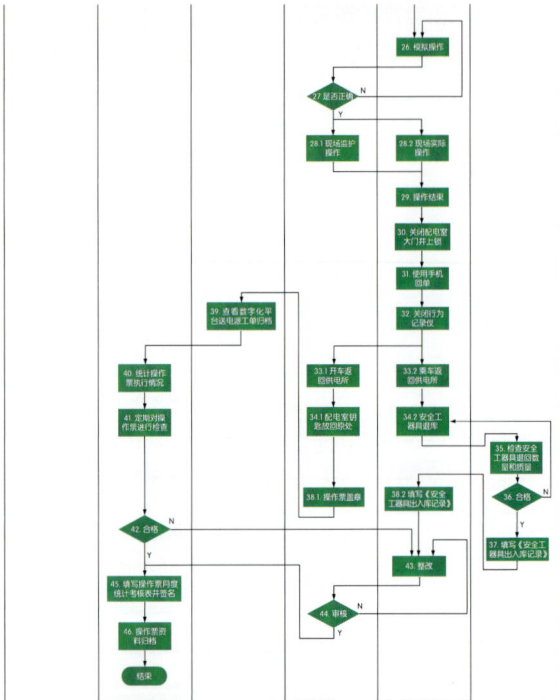

图 3–11　低压电气设备送电操作流程图（二）

2. 低压电气设备送电操作流程图节点说明

节点 1：安全质量员提报《新建低压线路送电工作计划》。

《新建低压线路送电工作计划》包括送电范围、工作内容、送电日期、送电时间、负责单位等内容。《新建低压线路送电工作计划》应明确 ×× 年 ×× 月。"负责单位"应填写 ×× 供电所。"送电范围"应详细填写配电室名称和设备名称，配电室名称和设备名称要与现场实际相符。"送电日期""送电时间"应填写准确，时间不能过长也不能过短。时间过长会造成浪费，影响对居民用电客户的正常用电；时间过短会降低操作质量，操作不能按时完成影响整个工作流程和工作进度，造成安全隐患。因此"送电时间"的填写要实事求是，符合现场实际。示例见表 3-4。

表 3-4　2019 年 12 月份新建低压线路送电工作计划

序号	送电范围		工作内容	送电日期	送电时间	负责单位	备注
	配电室	设备名称					
1	宋家 1 号配电室	1 号配电屏村北线	宋家 1 号配电室1 号配电屏村北线新建线路送电	15 日	10:30~11:00	闻韶供电所	
2							
3							

节点2：供电所长审批《新建低压线路送电工作计划》。

供电所长对照被操作新建低压线路的一次接线图核对《新建低压线路送电工作计划》，认真审查送电范围、工作内容、送电日期、送电时间、负责单位填写是否正确，现场送电操作是否有反送电的可能，如果有错误应返回安全质量员进行修改，如果对《新建低压线路送电工作计划》中的内容有疑问或不清楚的应联系安全质量员进行询问，清楚后再批准。

节点3：安全质量员下发《新建低压线路送电工作计划》。

《新建低压线路送电工作计划》经供电所长审批通过后，安全质量员将《新建低压线路送电工作计划》下发给配电营业班班长，并电话或当面交代《新建低压线路送电工作计划》的工作内容和送电具体事宜，特别提醒配电营业班班长一定要让操作人、监护人现场全面检查，送电操作是否有反送电的可能，让配电营业班班长明白操作对象、操作范围及操作要求，便于正确安排操作人员。

节点4：配电营业班班长根据《新建低压线路送电工作计划》安排监护人、操作人。

配电营业班班长根据配电营业班人员构成情况，安排工作经验丰富的人员担任监护人，安排对现场设备熟悉的人员担任操作人。确定好监护人、操作人后，将安全质量员下发的《新建低压线路送电工作计划》以及被操作新建低压线路的一次接线图交于监护人、操作人，向他们交代本次操作的操作对象、操作范围及操作要求，让他们对于本次操作有一个正确的认识和全面了解。特别提醒操作人、监护人一定要对工作现场全面检查，送电操作是否有反送电的可能，监护人、操作人对本次操作清楚明白且无疑问后，开始准备填写低压电气操作票。

节点5：监护人根据《新建低压线路送电工作计划》向操作人发布操作任务。

在发布操作任务之前，监护人应查看被操作新建低压线路的一次接线图。监护人应根据供电所发令人的送电工作计划内容和专用术语发布操作任务。操作任务发布应简单明了，从操作任务中能看出操作对象、操作范围及操作要求，便于操作人填写低压电气操作票。监护人在发布操作任务时应使用设备双重名称，即电气设备的名称和编号。

节点6：操作人根据操作任务填写低压电气操

作票。

　　填写前操作人应根据《新建低压线路送电工作计划》明确操作任务，了解现场工作内容和要求，并充分考虑此项操作对其设备运行方式的影响是否满足相关要求。使用计算机填写低压电气操作票应根据《农村电网低压电气安全工作规程》（DL/T 477—2021）附录 E 中低压电气操作票格式要求进行，应使用正确操作术语，设备名称编号应严格按照低压电气设备现场标示牌的双重名称填写。使用计算机打印的低压电气操作票必须与现场实际设备相符，不得直接使用典型低压电气操作票作为现场实际低压电气操作票。

　　节点 7：操作人打印低压电气操作票。

　　完成低压电气操作票填写后，操作人应立即打印并交给监护人审核。低压电气操作票上发令人、受令人、发令时间、操作开始时间、操作结束时间、操作人、监护人、值班负责人均要手工填写，不能用计算机打印。

　　节点 8：监护人审核低压电气操作票。

　　监护人应对照被操作新建低压线路的一次接线图和《新建低压线路送电工作计划》审核低压电气操

作票，检查填写的低压电气操作票的操作任务是否与《新建低压线路送电工作计划》的计划工作内容相符，检查填写的低压电气操作票是否与被操作新建低压线路的一次接线图上的设备双重名称相符、设备的位置相符、设备的操作顺序相符。检查低压电气操作票是否出现添项、倒项、漏项情况。通过检查发现设备名称、编号，有关参数、终止号"勺"，操作"动词"（"拉开""合上""装上""取下"等）有错误时，应重新填写并打印低压电气操作票。

节点 9：安全质量员审核低压电气操作票。

安全质量员应对照被操作新建低压线路的一次接线图和《新建低压线路送电工作计划》审核低压电气操作票，检查填写的低压电气操作票的操作任务是否与《新建低压线路送电工作计划》的计划工作内容相符，检查填写的低压电气操作票是否与被操作新建低压线路的一次接线图上的设备双重名称相符、设备的位置相符、设备的操作顺序相符。检查低压电气操作票是否出现添项、倒项、漏项情况。若发现错误，应通知操作人重新填写并打印低压电气操作票。

节点 10：安全质量员发布操作命令。

节点 11：安全质量员在低压电气操作票发令人

栏签名并填写操作发令时间。

安全质量员是低压电气操作票的发令人,监护人是低压电气操作票的受令人。操作发令时间必须由安全质量员填写,不得由监护人填写。安全质量员在低压电气操作票发令人栏签名并填写操作发令时间后,将低压电气操作票交给监护人。

节点12:监护人接受发令人操作命令。

节点13:监护人在受令人栏签名。

节点14:监护人在监护人栏签名。监护人应对本次低压电气操作的正确性负全部责任。

节点15:操作人在操作人栏签名。操作人应对本次低压电气操作的正确性负全部责任。

节点16:配电营业班班长使用供电所数字化平台进行派工。

节点17:操作人使用手机,通过 e 所通接单。

节点18:操作人填写《安全工器具出入库记录》。

操作人会同综合班人员进入供电所安全工器具室,综合班人员将供电所安全工器具出入库记录交给操作人,由操作人在记录上填写本次操作所需安全工器具。首先填写操作票编号,再填写所需安全工器具名称、编号、规格、领用数量以及用途。填写安全工器具的数量必须满足现场操作的实际需要。操作人在《安全工器具出入库记录》上填写提取时间后，在领用人栏签名，综合班人员将操作人领用的安全工器具名称、数量、规格与《安全工器具出入库记录》上填写的安全工器具名称、数量、规格进行检查，如果一一对应，方可在保管员栏签名。

节点19：综合班人员根据出入库记录准备安全工器具。

节点20.1：监护人准备配电室大门钥匙。

对于箱式变压器，监护人应同时准备箱式变压器外遮拦门钥匙、箱式变压器各方向门钥匙。对于台式变压器，监护人应同时准备台式变压器周围遮拦门钥匙、台式变压器JP柜门钥匙。

节点20.2：操作人检查领用的安全工器具。

节点21.1：监护人检查车辆是否正常。

节点21.2：操作人确定安全工器具合格。

节点22：操作人将安全工器具装车。

节点23.1：监护人开车去操作现场。

节点23.2：操作人乘车去操作现场。

节点24：监护人到达现场，核对操作票上设备位置，打开配电室大门。

监护人与操作人开车到达操作现场后，监护人和操作人相互检查劳动防护用品穿戴齐全、符合要求之后，监护人依据低压电气操作票操作内容核对操作设备位置是否正确，方可将配电室大门开锁。监护人、操作人必须全面检查送电范围施工全部完工，送电范围内的人员和施工工具全部撤离，送电范围内确无接地短路方可进行送电操作。如果不进行核对盲目操作，就会造成误操作。

节点 25：操作人开启行为记录仪。

节点 26：操作人进行模拟操作。

节点 27：监护人检查模拟操作是否正确。

节点 28.1：如果模拟操作正确，监护人现场监护操作。

节点 28.2：操作人现场实际操作。

节点 29：操作人操作结束，由监护人在操作票上填写操作结束时间。

节点 30：操作人关闭配电室大门并上锁。

节点 31：操作人使用手机回单。

节点 32：操作人关闭行为记录仪。

节点 33.1：监护人开车返回供电所。

节点 33.2：操作人乘车返回供电所。

节点 34.1：监护人将配电室钥匙放回原处。

按照定值管理要求，监护人将使用的配电室钥匙应按照编号顺序放回到原来的位置，以方便下次使用。

节点 34.2：安全工器具退库。

（操作人将使用的安全工器具退回到安全工器具室。）

节点 35：综合班人员检查安全工器具退回数量和质量。

综合班人员将操作人退回的安全工器具名称、数量、规格与《安全工器具出入库记录》上填写的领取安全工器具名称、数量、规格进行核对检查，确保一一对应。

节点 36：综合班人员检查安全工器具是否合格。

综合班人员检查退回的安全工器具有无损坏，没有损坏才能入库，如果有损坏且不能再使用时，应重新配置，损坏的安全工器具应及时报废，严禁再继续使用。

节点 37：综合班人员填写《安全工器具出入库记录》。

综合班人员检查安全工器具合格，综合班人员在《安全工器具出入库记录》上保管员栏签名。

节点 38.1：监护人对低压电气操作票盖章。

监护人应在已执行的低压电气操作票的"ㄅ"下一行盖"已执行"章。合格的低压电气操作票全部未执行，监护人在低压电气操作票的"ㄅ"下一行盖"未执行"章，并在备注栏中注明原因。

节点 38.2：操作人填写《安全工器具出入库记录》。

综合班人员检查安全工器具合格，并在《安全工器具出入库记录》上签名后，操作人在《安全工器具出入库记录》上填写归还时间，在退回人栏签名，安全工器具出入库工作完成。

节点 39：配电营业班班长在数字化平台上查看送电派工单归档。

配电营业班班长在供电所综合业务数字化平台导航栏依次点击"我的工单"—"工单任务评价"找到本次操作工单确认是否已归档。

节点 40：安全质量员统计低压电气操作票执行情况。

节点 41：安全质量员定期对低压电气操作票进

行检查。

节点 42：安全质量员检查盖章的低压电气操作票是否合格。

经检查如果低压电气操作票存在问题，安全质量员将问题操作票交给操作人员进行整改。

节点 43：操作人对不合格的低压电气操作票进行整改，整改后交监护人审核。

节点 44：监护人审核整改后的低压电气操作票，如果合格交给安全质量员归档，如果不合格再交给操作人整改，直至合格为止。

节点 45：安全质量员填写低压电气操作票月度统计考核表并签名。

节点 46：安全质量员进行操作票资料归档。

第四章

低压倒闸操作要求

一、低压线路操作要求

（1）停电操作顺序：先拉开出线开关，检查出线开关确已拉开，再拉开出线刀开关，检查出线刀开关确已拉开，最后取下出线熔断器。

（2）送电操作顺序：先装上出线熔断器，合上低压出线刀开关，检查出线刀开关确已合好，最后合上出线开关，检查出线开关确已合好。

二、低压断路器（开关）操作要求

（1）合上低压断路器（开关）时，操作人必须将断路器（开关）把手向上操作，合闸到位并显示"合"字（见图4-1）。

（2）拉开低压断路器（开关）时，操作人必须将断路器（开关）把手向下操作，分闸到位并显示"分"字（见图4-2）。

图 4-1 合上低压断路器
（开关）

图 4-2 拉开低压断路器
（开关）

低压断路器（开关）用于当电路中发生过载、短路和欠电压等不正常情况时，能自动分断电路的电器，因此低压断路器（开关）允许合上、拉开额定电流以内的负荷电流，还允许切断额定遮断容量以内的故障电流。

三、低压刀开关操作要求

（1）禁止用刀开关拉开、合上带负荷的电气设备或带负荷的电气线路。

（2）禁止用刀开关合上故障电流。

（3）禁止用刀开关切断故障电流，刀开关在电路中只能起到隔离电源的作用。

（4）刀开关在合闸时要保证三相同步，各相接触良好。

（5）严禁用没有灭弧罩的刀开关拉开带电流的负载，只能用作隔离开关用。

（6）合刀开关时，当刀开关动触头接近静触头时，应快速将刀开关合入，当刀开关触头接近合闸终点时，不得有冲击。

（7）拉刀开关时，当动触头快要离开静触头时，应快速拉开，然后操作至终点。

四、低压熔断器操作要求

如图 4-3 所示，由于熔断器熔件的两个静触头距离较近，而低压线路的负荷又比较大，手动操作停电、送电时，动作较慢极易产生弧光，造成人身触电，因此熔件的操作必须在不带电的情况下投、切，严禁以投、切低压熔断器的方法对线路进行送电、停电操作。熔断器及熔体必须安装可靠，避免造成缺相运行。

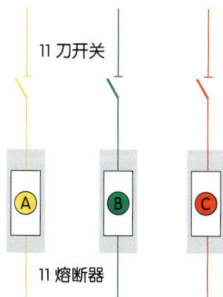

图 4-3 低压熔断器操作

五、低压随器补偿电容器操作要求

（1）当随器补偿电容器与低压线路都停电操作时，必须先停电容器组，再停电低压线路（见图4-4）。

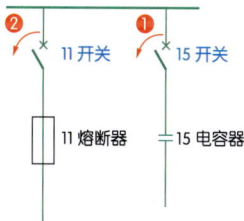

图 4-4 随器补偿电容器与低压线路停电操作

（2）当随器补偿电容器与低压线路都送电操作时，必须先送电低压线路，待低压线路带上负荷后再送电电容器组（见图 4-5）。

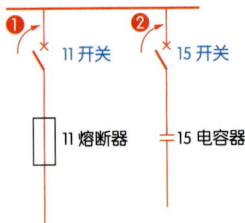

图 4-5 随器补偿电容器与低压线路送电操作

第五章

低压电气操作票填写和使用常见错误

（1）发令人没有在低压电气操作票上签名，操作人和监护人就完成操作（见表 5-1）。

表 5-1　低压电气操作票

单位	闻韶供电所		编号	000000231
发令人		受令人	赵贞	发令时间	2019 年 12 月 22 日 08 时 30 分
操作开始时间： 2019 年 12 月 22 日 09 时 11 分			操作结束时间： 2019 年 12 月 22 日 09 时 39 分	
（√）监护操作			（　）单人操作	
操作任务：周家 1 号配电室 1 号配电屏村南线由运行转为检修				
顺序	操作项目			√
1	确认 1 号配电屏村南线 11 开关			√
2	拉开 1 号配电屏村南线 11 开关			√
3	检查 1 号配电屏村南线 11 开关三相确已拉开			√
4	拉开 1 号配电屏村南线 11 刀开关			√
5	检查 1 号配电屏村南线 11 刀开关三相确已拉开			√

（续表）

6	在 1 号配电屏村南线 11 开关上悬挂"禁止合闸、线路有人工作"标示牌	√
7	在 1 号配电屏村南线 1 号杆电源侧验电确无电压	√
8	在 1 号配电屏村南线 1 号杆电源侧装设 3 号接地线	√
	~	
	已执行	
备注		

操作人：李元　　监护人：赵贞　　值班负责人：周进

（2）受令人没有在低压电气操作票上签名，操作人和监护人就完成操作（见表 5-2）。

表 5-2　低压电气操作票

单位	闻韶供电所		编号	000000671
发令人	钱丁	受令人	发令时间	2019 年 12 月 22 日 08 时 30 分
操作开始时间：2019 年 12 月 22 日 09 时 11 分			操作结束时间：2019 年 12 月 22 日 09 时 39 分	
（√）监护操作			（　）单人操作	

（续表）

操作任务：周家1号配电室1号配电屏村南线由运行转为检修		
顺序	操作项目	√
1	确认1号配电屏村南线11开关	√
2	拉开1号配电屏村南线11开关	√
3	检查1号配电屏村南线11开关三相确已拉开	√
4	拉开1号配电屏村南线11刀开关	√
5	检查1号配电屏村南线11刀开关三相确已拉开	√
6	在1号配电屏村南线11开关上悬挂"禁止合闸、线路有人工作"标示牌	√
7	在1号配电屏村南线1号杆电源侧验电确无电压	√
8	在1号配电屏村南线1号杆电源侧装设3号接地线	√
	↵	
	已执行	
备注：		
操作人：李元　　　监护人：赵贞　　　值班负责人：周进		

（3）低压电气操作票没有打印编号，操作人和监护人就完成操作（见表 5-3）。

表 5-3　低压电气操作票

单位	闻韶供电所		编号	
发令人	钱丁	受令人	赵贞	发令时间	2019 年 12 月 22 日 08 时 30 分

操作开始时间：	操作结束时间：
2019 年 12 月 22 日 09 时 11 分	2019 年 12 月 22 日 09 时 39 分

（√）监护操作	（ ）单人操作

操作任务：周家 1 号配电室 1 号配电屏村南线由运行转为检修

顺序	操作项目	√
1	确认 1 号配电屏村南线 11 开关	√
2	拉开 1 号配电屏村南线 11 开关	√
3	检查 1 号配电屏村南线 11 开关三相确已拉开	√
4	拉开 1 号配电屏村南线 11 刀开关	√
5	检查 1 号配电屏村南线 11 刀开关三相确已拉开	√
6	在 1 号配电屏村南线 11 开关上悬挂"禁止合闸、线路有人工作"标示牌	√
7	在 1 号配电屏村南线 1 号杆电源侧验电无电压	√
8	在 1 号配电屏村南线 1 号杆电源侧装设 3 号接地线	√
	ゟ	

（续表）

	已执行
备注：	
操作人：李元　　　监护人：赵贞　　　值班负责人：周进	

（4）低压电气操作票没有打印单位名称，操作人和监护人就完成操作（见表5-4）。

表5-4　低压电气操作票

单位				编号	000000531
发令人	钱丁	受令人	赵贞	发令时间	2019 年 12 月 22 日 08 时 30 分
操作开始时间： 2019 年 12 月 22 日 09 时 11 分			操作结束时间： 2019 年 12 月 22 日 09 时 39 分		
（√）监护操作			（　）单人操作		
操作任务：周家 1 号配电室 1 号配电屏村南线由运行转为检修					
顺序	操作项目				√
1	确认 1 号配电屏村南线 11 开关				√

（续表）

2	拉开 1 号配电屏村南线 11 开关	√
3	检查 1 号配电屏村南线 11 开关三相确已拉开	√
4	拉开 1 号配电屏村南线 11 刀开关	√
5	检查 1 号配电屏村南线 11 刀开关三相确已拉开	√
6	在 1 号配电屏村南线 11 开关上悬挂"禁止合闸、线路有人工作"标示牌	√
7	在 1 号配电屏村南线 1 号杆电源侧验电确无电压	√
8	在 1 号配电屏村南线 1 号杆电源侧装设 3 号接地线	√
	↵	
	已执行	
备注：		
操作人：李元　　　监护人：赵贞　　　值班负责人：周进		

（5）低压电气操作票没有填写发令时间，操作人和监护人就完成操作（见表5-5）。

表 5-5 低压电气操作票

单位	闻韶供电所		编号	000000761
发令人	钱丁	受令人 赵贞	发令时间	
操作开始时间： 2019 年 12 月 22 日 09 时 11 分			操作结束时间： 2019 年 12 月 22 日 09 时 39 分	
（√）监护操作			（ ）单人操作	
操作任务：周家 1 号配电室 1 号配电屏村南线由运行转为检修				

顺序	操作项目	√
1	确认 1 号配电屏村南线 11 开关	√
2	拉开 1 号配电屏村南线 11 开关	√
3	检查 1 号配电屏村南线 11 开关三相确已拉开	√
4	拉开 1 号配电屏村南线 11 刀开关	√
5	检查 1 号配电屏村南线 11 刀开关三相确已拉开	√
6	在 1 号配电屏村南线 11 开关上悬挂"禁止合闸、线路有人工作"标示牌	√
7	在 1 号配电屏村南线 1 号杆电源侧验电确无电压	√
8	在 1 号配电屏村南线 1 号杆电源侧装设 3 号接地线	√
	已执行	

备注：

操作人：李元　　　监护人：赵贞　　　值班负责人：周进

（6）低压电气操作票没有填写操作开始时间，操作人和监护人就完成操作（见表5-6）。

表5-6 低压电气操作票

单位	闻韶供电所			编号	000000871
发令人	钱丁	受令人	赵贞	发令时间	2019年12月22日08时30分
操作开始时间：				操作结束时间：2019年12月22日09时39分	
（√）监护操作				（ ）单人操作	
操作任务：周家1号配电室1号配电屏村南线由运行转为检修					
顺序	操作项目				√
1	确认1号配电屏村南线11开关				√
2	拉开1号配电屏村南线11开关				√
3	检查1号配电屏村南线11开关三相确已拉开				√
4	拉开1号配电屏村南线11刀开关				√
5	检查1号配电屏村南线11刀开关三相确已拉开				√
6	在1号配电屏村南线11开关上悬挂"禁止合闸、线路有人工作"标示牌				√
7	在1号配电屏村南线1号杆电源侧验电确无电压				√
8	在1号配电屏村南线1号杆电源侧装设3号接地线				√
	↵				

（续表）

		已执行		
备注：				
操作人：李元　　监护人：赵贞　　值班负责人：周进				

（7）低压电气操作票没有填写操作结束时间，操作人和监护人就在低压电气操作票上盖"已执行"章（见表5-7）。

表5-7　低压电气操作票

单位	闻韶供电所		编号	000000931
发令人	钱丁	受令人　赵贞	发令时间	2019 年 12 月 22 日 08 时 30 分
操作开始时间： 2019 年 12 月 22 日 09 时 11 分			操作结束时间：	
（√）监护操作　　　　　（　）单人操作				
操作任务：周家 1 号配电室 1 号配电屏村南线由运行转为检修				
顺序	操作项目			√
1	确认 1 号配电屏村南线 11 开关			√

（续表）

2	拉开 1 号配电屏村南线 11 开关	√
3	检查 1 号配电屏村南线 11 开关三相已拉开	√
4	拉开 1 号配电屏村南线 11 刀开关	√
5	检查 1 号配电屏村南线 11 刀开关三相确已拉开	√
6	在 1 号配电屏村南线 11 开关上悬挂"禁止合闸、线路有人工作"标示牌	√
7	在 1 号配电屏村南线 1 号杆电源侧验电确无电压	√
8	在 1 号配电屏村南线 1 号杆电源侧装设 3 号接地线	√
	↙	
	已执行	

备注：

操作人：李元　　　监护人：赵贞　　　值班负责人：周进

（8）低压电气操作票填写的操作开始时间晚于操作结束时间，前后矛盾（见表 5-8）。

表 5-8 低压电气操作票

单位	闻韶供电所		编号	000000253
发令人	钱丁	受令人 赵贞	发令时间	2019 年 12 月 22 日 08 时 30 分
操作开始时间：			操作结束时间：	
2019 年 12 月 22 日 09 时 11 分			2019 年 12 月 22 日 08 时 39 分	
（√）监护操作			（ ）单人操作	

操作任务：周家 1 号配电室 1 号配电屏村南线由运行转为检修

顺序	操作项目	√
1	确认 1 号配电屏村南线 11 开关	√
2	拉开 1 号配电屏村南线 11 开关	√
3	检查 1 号配电屏村南线 11 开关三相确已拉开	√
4	拉开 1 号配电屏村南线 11 刀开关	√
5	检查 1 号配电屏村南线 11 刀开关三相已拉开	√
6	在 1 号配电屏村南线 11 开关上悬挂"禁止合闸、线路有人工作"标示牌	√
7	在 1 号配电屏村南线 1 号杆电源侧验电确无电压	√
8	在 1 号配电屏村南线 1 号杆电源侧装设 3 号接地线	√
	乚	
	已执行	

备注：

操作人：李元   监护人：赵贞   值班负责人：周进

（9）低压电气操作票填写的发令时间晚于操作开始时间，前后矛盾（见表5-9）。

表5-9 低压电气操作票

单位	闻韶供电所		编号	000000229
发令人	钱丁	受令人 赵贞	发令时间	2019年12月22日09时30分
操作开始时间：2019年12月22日09时11分			操作结束时间：2019年12月22日09时39分	
（√）监护操作			（ ）单人操作	
操作任务：周家1号配电室1号配电屏村南线由运行转为检修				

顺序	操作项目	√
1	确认1号配电屏村南线11开关	√
2	拉开1号配电屏村南线11开关	√
3	检查1号配电屏村南线11开关三相确已拉开	√
4	拉开1号配电屏村南线11刀开关	√
5	检查1号配电屏村南线11刀开关三相确已拉开	√
6	在1号配电屏村南线11开关上悬挂"禁止合闸、线路有人工作"标示牌	√
7	在1号配电屏村南线1号杆电源侧验电确无电压	√
8	在1号配电屏村南线1号杆电源侧装设3号接地线	√
	↩	

（续表）

	已执行		
备注：			
操作人：李元	监护人：赵贞	值班负责人：周进	

（10）低压电气操作票上没有打印操作项目对应的操作序号，操作人和监护人就完成操作（见表5-10）。

表5-10　低压电气操作票

单位	闻韶供电所		编号	000000260
发令人	钱丁	受令人	赵贞	发令时间	2019 年 12 月 22 日 08 时 30 分
操作开始时间： 2019 年 12 月 22 日 09 时 11 分			操作结束时间： 2019 年 12 月 22 日 09 时 39 分	
（√）监护操作			（　）单人操作	
操作任务：周家 1 号配电室 1 号配电屏村南线由运行转为检修				

（续表）

顺序	操作项目	√
1	确认 1 号配电屏村南线 11 开关	√
2	拉开 1 号配电屏村南线 11 开关	√
3	检查 1 号配电屏村南线 11 开关三相确已拉开	√
4	拉开 1 号配电屏村南线 11 刀开关	√
5	检查 1 号配电屏村南线 11 刀开关三相确已拉开	√
6	在 1 号配电屏村南线 11 开关上悬挂"禁止合闸、线路有人工作"标示牌	√
7	在 1 号配电屏村南线 1 号杆电源侧验电确无电压	√
8	在 1 号配电屏村南线 1 号杆电源侧装设 3 号接地线	√
	↳	
	已执行	
备注：		
操作人：李元　　　监护人：赵贞　　　值班负责人：周进		

（11）一份低压电气操作票不应该同时填写两个操作任务及两个操作项目（见表 5-11）。

表 5-11　低压电气操作票

单位	闻韶供电所		编号	000000268
发令人	钱丁	受令人　赵贞	发令时间	2019 年 12 月 22 日 08 时 30 分
操作开始时间： 2019 年 12 月 22 日 09 时 11 分			操作结束时间： 2019 年 12 月 22 日 12 时 39 分	
（√）监护操作			（　）单人操作	
操作任务：周家 1 号配电室 1 号配电屏村南线由运行转为检修。周家 1 号配电室 1 号配电屏村南线由检修转为运行				

顺序	操作项目	√
1	确认 1 号配电屏村南线 11 开关	√
2	拉开 1 号配电屏村南线 11 开关	√
3	检查 1 号配电屏村南线 11 开关三相确已拉开	√
4	拉开 1 号配电屏村南线 11 刀开关	√
5	检查 1 号配电屏村南线 11 刀开关三相确已拉开	√
6	在 1 号配电屏村南线 11 开关上悬挂"禁止合闸、线路有人工作"标示牌	√
7	在 1 号配电屏村南线 1 号杆电源侧验电确无电压	√
8	在 1 号配电屏村南线 1 号杆电源侧装设 3 号接地线	√
9	确认 1 号配电屏村南线 1 号杆电源侧	√
10	拆除 1 号配电屏村南线 1 号杆电源侧 3 号接地线	√
11	检查 1 号配电屏村南线 1 号杆电源侧 3 号接地线确已拆除	√
12	检查 1 号配电屏村南线 1 号杆电源侧确无接地短路	√
13	取下 1 号配电屏村南线 11 开关"禁止合闸、线路有人工作"标示牌	√

备注：

操作人：李元　　　监护人：赵贞　　　值班负责人：周进

（12）低压电气操作票中操作任务与操作项目不符。操作任务是停电，操作项目是送电（见表5-12）。

表5-12　低压电气操作票

单位	闻韶供电所		编号	000000339
发令人	钱丁	受令人　赵贞	发令时间	2019 年 12 月 22 日 08 时 30 分
操作开始时间： 2019 年 12 月 22 日 09 时 11 分			操作结束时间： 2019 年 12 月 22 日 09 时 39 分	
（√）监护操作			（　）单人操作	
操作任务：	周家 1 号配电室 1 号配电屏村南线由运行转为检修			
顺序	操作项目			√
1	确认 1 号配电屏村南线 1 号杆电源侧			√
2	拆除 1 号配电屏村南线 1 号杆电源侧 3 号接地线			√
3	检查 1 号配电屏村南线 1 号杆电源侧 3 号接地线确已拆除			√
4	检查 1 号配电屏村南线 1 号杆电源侧确无接地短路			√
5	取下 1 号配电屏村南线 11 开关"禁止合闸、线路有人工作"标示牌			√
6	检查 1 号配电屏村南线 11 开关三相确已拉开			√
7	合上 1 号配电屏村南线 11 刀开关			√
8	检查 1 号配电屏村南线 11 刀开关三相确已合好			√
9	合上 1 号配电屏村南线 11 开关			√
10	检查 1 号配电屏村南线 11 开关三相确已合好			√

（续表）

↵		
	已执行	
备注：		
操作人：李元　　　监护人：赵贞　　　值班负责人：周进		

　　（13）低压电气操作票中操作任务填写的设备双重名称不完整，缺少设备名称。11 开关前缺少"村南线"（见表 5-13）。

表 5-13　低压电气操作票

单位	闻韶供电所		编号	000000558	
发令人	钱丁	受令人	赵贞	发令时间	2019 年 12 月 22 日 08 时 30 分
操作开始时间： 2019 年 12 月 22 日 09 时 11 分			操作结束时间： 2019 年 12 月 22 日 09 时 39 分		
（√）监护操作			（　）单人操作		
操作任务：周家 1 号配电室 1 号配电屏 11 开关 由运行转为冷备用					
顺序	操作项目　　　村南线 11 开关				√
1	确认 1 号配电屏村南线 11 开关				√
2	拉开 1 号配电屏村南线 11 开关				√
3	检查 1 号配电屏村南线 11 开关三相确已拉开				√

（续表）

4	拉开 1 号配电屏村南线 11 刀开关	√
5	检查 1 号配电屏村南线 11 刀开关三相确已拉开	√
	↵	
	已执行	
备注：		
操作人：李元　　　　监护人：赵贞　　　　值班负责人：周进		

（14）低压电气操作票中操作任务填写的设备双重名称不完整，缺少设备编号。村南线后面缺少"11开关"（见表 5-14）。

表 5-14　低压电气操作票

单位	闻韶供电所		编号	000000870
发令人	钱丁	受令人　赵贞	发令时间	2019 年 12 月 22 日 08 时 30 分
操作开始时间： 2019 年 12 月 22 日 09 时 11 分			操作结束时间： 2019 年 12 月 22 日 09 时 39 分	
（√）监护操作			（　）单人操作	
操作任务：周家 1 号配电室 1 号配电屏村南线由运行转为冷备用				

顺序	操作项目　→村南线 11 开关	√
1	确认 1 号配电屏村南线 11 开关	√
2	拉开 1 号配电屏村南线 11 开关	√
3	检查 1 号配电屏村南线 11 开关三相确已拉开	√
4	拉开 1 号配电屏村南线 11 刀开关	√
5	检查 1 号配电屏村南线 11 刀开关三相确已拉开	√
	↶	
	已执行	
备注：		
操作人：李元　　　监护人：赵贞　　　值班负责人：周进		

（15）低压电气操作票中操作任务名称编号与操作项目不一致。操作任务名称编号是村北线 12 开关，操作项目名称编号是村南线 11 开关（见表 5-15）。

表 5-15　低压电气操作票

单位	闻韶供电所			编号	000000870
发令人	钱丁	受令人	赵贞	发令时间	2019 年 12 月 22 日 08 时 30 分
操作开始时间： 2019 年 12 月 22 日 09 时 11 分			操作结束时间： 2019 年 12 月 22 日 09 时 39 分		
（√）监护操作			（　）单人操作		
操作任务：周家 1 号配电室 1 号配电屏村北线 12 开关由运行转为冷备用					
顺序	操作项目				√
1	确认 1 号配电屏村南线 11 开关				√
2	拉开 1 号配电屏村南线 11 开关				√
3	检查 1 号配电屏村南线 11 开关三相确已拉开				√
4	拉开 1 号配电屏村南线 11 刀闸				√
5	检查 1 号配电屏村南线 11 刀闸三相确已拉开				√
	↯				
	已执行				

（续表）

备注：			
操作人：李元	监护人：赵贞	值班负责人：周进	

（16）低压电气操作票中操作任务没有使用方式转换，应将"停电"改为"由运行转为检修"（见表5-16）。

表5-16　低压电气操作票

单位	闻韶供电所		编号	000000475
发令人	钱丁	受令人　赵贞	发令时间	2019 年 12 月 22 日 08 时 30 分
操作开始时间： 2019 年 12 月 22 日 09 时 11 分		操作结束时间： 2019 年 12 月 22 日 09 时 39 分		
（√）监护操作		（　）单人操作		
操作任务：周家 1 号配电室 3 号配电屏 30 开关停电 〔由运行转为检修〕				
顺序	操作项目			√
1	确认 3 号配电屏 30 开关			√
2	拉开 3 号配电屏 30 开关			√

（续表）

3	检查 3 号配电屏 30 开关三相确已拉开	√
4	在 3 号配电屏 30 开关上悬挂"禁止合闸、线路有人工作"标示牌	√
5	在 3 号配电屏 30 开关与电容器间验电确无电压	√
6	在 3 号配电屏 30 开关与电容器间装设 1 号接地线	√
	𠃊	
	已执行	
备注：		

操作人：李元　　　监护人：赵贞　　　值班负责人：周进

（17）在执行低压电气操作票时没有逐项打"√"，操作人和监护人就完成操作任务（见表 5-17）。

表5-17 低压电气操作票

单位	闻韶供电所		编号	000000531
发令人	钱丁	受令人 赵贞	发令时间	2019 年 12 月 22 日 08 时 30 分
操作开始时间： 2019 年 12 月 22 日 09 时 11 分			操作结束时间： 2019 年 12 月 22 日 09 时 39 分	
（√）监护操作			（ ）单人操作	
操作任务：周家 1 号配电室 1 号配电屏村南线由运行转为检修				
顺序	操作项目			√
1	确认 1 号配电屏村南线 11 开关			
2	拉开 1 号配电屏村南线 11 开关			
3	检查 1 号配电屏村南线 11 开关三相确已拉开			
4	拉开 1 号配电屏村南线 11 刀开关			
5	检查 1 号配电屏村南线 11 刀开关三相确已拉开			
6	在 1 号配电屏村南线 11 开关上悬挂"禁止合闸、线路有人工作"标示牌			
7	在 1 号配电屏村南线 1 号杆电源侧验电确无电压			
8	在 1 号配电屏村南线 1 号杆电源侧装设 3 号接地线			
	↙			
	已执行			
备注：				
操作人：李元　　　　监护人：赵贞　　　　值班负责人：周进				

（18）低压电气操作票打印完成后，没有在低压电气操作票操作项目中打印终止号"ㄅ"就盖章（见表5-18）。

表5-18 低压电气操作票

单位	闻韶供电所			编号	000000368
发令人	钱丁	受令人	赵贞	发令时间	2019 年 12 月 22 日 08 时 30 分
操作开始时间： 2019 年 12 月 22 日 09 时 11 分			操作结束时间： 2019 年 12 月 22 日 09 时 39 分		
（√）监护操作			（ ）单人操作		
操作任务：周家 1 号配电室 1 号配电屏村南线由运行转为检修					
顺序	操作项目				√
1	确认 1 号配电屏村南线 11 开关				√
2	拉开 1 号配电屏村南线 11 开关				√
3	检查 1 号配电屏村南线 11 开关三相确已拉开				√
4	拉开 1 号配电屏村南线 11 刀开关				√
5	检查 1 号配电屏村南线 11 刀开关三相确已拉开				√
6	在 1 号配电屏村南线 11 开关上悬挂"禁止合闸、线路有人工作"标示牌				√
7	在 1 号配电屏村南线 1 号杆电源侧验电确无电压				√
8	在 1 号配电屏村南线 1 号杆电源侧装设 3 号接地线				√
	已执行				

（续表）

备注：		
操作人：李元　　　　监护人：赵贞　　　　值班负责人：周进		

（19）低压电气操作票执行完成操作项目后，应在终止号"乄"下盖"已执行"章，但错盖成"未执行"章（见表5-19）。

表5-19　低压电气操作票

单位	闻韶供电所		编号	000000676	
发令人	钱丁	受令人	赵贞	发令时间	2019 年 12 月 22 日 08 时 30 分
操作开始时间： 2019 年 12 月 22 日 09 时 11 分			操作结束时间： 2019 年 12 月 22 日 09 时 39 分		
（√）监护操作			（　）单人操作		
操作任务：周家 1 号配电室 1 号配电屏村南线由运行转为检修					
顺序	操作项目				√
1	确认 1 号配电屏村南线 11 开关				√
2	拉开 1 号配电屏村南线 11 开关				√

3	检查 1 号配电屏村南线 11 开关三相确已拉开	√
4	拉开 1 号配电屏村南线 11 刀开关	√
5	检查 1 号配电屏村南线 11 刀开关三相确已拉开	√
6	在 1 号配电屏村南线 11 开关上悬挂"禁止合闸、线路有人工作"标示牌	√
7	在 1 号配电屏村南线 1 号杆电源侧验电确无电压	√
8	在 1 号配电屏村南线 1 号杆电源侧装设 3 号接地线	√
	ㄅ 未执行	
备注：		
操作人：李元　　　监护人：赵贞　　　值班负责人：周进		

（20）低压电气操作票执行完成操作项目后，应在终止号"ㄅ"下盖"已执行"章，却错盖成"作废"章（见表 5-20）。

表5-20　低压电气操作票

单位	闯韶供电所		编号	000000639
发令人	钱丁	受令人　赵贞	发令时间	2019年12月22日08时30分
操作开始时间： 2019年12月22日09时11分			操作结束时间： 2019年12月22日09时39分	
（√）监护操作			（　）单人操作	
操作任务：周家1号配电室1号配电屏村南线由运行转为检修				
顺序	操作项目			√
1	确认1号配电屏村南线11开关			√
2	拉开1号配电屏村南线11开关			√
3	检查1号配电屏村南线11开关三相确已拉开			√
4	拉开1号配电屏村南线11刀开关			√
5	检查1号配电屏村南线11刀开关三相确已拉开			√
6	在1号配电屏村南线11开关上悬挂"禁止合闸、线路有人工作"标示牌			√
7	在1号配电屏村南线1号杆电源侧验电确无电压			√
8	在1号配电屏村南线1号杆电源侧装设3号接地线			√
	 作废			
备注：				
操作人：李元　　　监护人：赵贞　　　值班负责人：周进				

（21）低压电气操作票有监护人监护，但填写操作票时却在单人操作处"√"（见表5-21）。

表5-21 低压电气操作票

单位	闻韶供电所		编号	000000431
发令人	钱丁	受令人　赵贞	发令时间	2019年12月22日08时30分
操作开始时间： 2019年12月22日09时11分			操作结束时间： 2019年12月22日09时39分	
（　）监护操作			（√）单人操作	
操作任务：周家1号配电室1号配电屏村南线由运行转为检修				
顺序	操作项目			√
1	确认1号配电屏村南线11开关			√
2	拉开1号配电屏村南线11开关			√
3	检查1号配电屏村南线11开关三相确已拉开			√
4	拉开1号配电屏村南线11刀开关			√
5	检查1号配电屏村南线11刀开关三相确已拉开			√
6	在1号配电屏村南线11开关上悬挂"禁止合闸、线路有人工作"标示牌			√
7	在1号配电屏村南线1号杆电源侧验电确无电压			√
8	在1号配电屏村南线1号杆电源侧装设3号接地线			√
	↙			
	已执行			

（续表）

备注：			
操作人：李元	监护人：赵贞	值班负责人：周进	

（22）低压电气操作票执行完成操作项目后，应在终止号"勹"下盖"已执行"章，但没盖章（见表5-22）。

表5-22　低压电气操作票

单位	闻韶供电所		编号	000000511
发令人	钱丁	受令人　赵贞	发令时间	2019 年 12 月 22 日 08 时 30 分
操作开始时间： 2019 年 12 月 22 日 09 时 11 分		操作结束时间： 2019 年 12 月 22 日 09 时 39 分		
（√）监护操作		（　）单人操作		
操作任务：周家 1 号配电室 1 号配电屏村南线由运行转为检修				
顺序	操作项目			√
1	确认 1 号配电屏村南线 11 开关			√
2	拉开 1 号配电屏村南线 11 开关			√

（续表）

3	检查 1 号配电屏村南线 11 开关三相确已拉开	√
4	拉开 1 号配电屏村南线 11 刀开关	√
5	检查 1 号配电屏村南线 11 刀开关三相确已拉开	√
6	在 1 号配电屏村南线 11 开关上悬挂"禁止合闸、线路有人工作"标示牌	√
7	在 1 号配电屏村南线 1 号杆电源侧验电确无电压	√
8	在 1 号配电屏村南线 1 号杆电源侧装设 3 号接地线	√
	↵	
备注：		

操作人：李元　　　监护人：赵贞　　　值班负责人：周进

（23）低压电气操作票打印完成后，监护人没在低压电气操作票上签名，就与操作人完成操作（见表 5-23）。

表 5-23　低压电气操作票

单位	闻韶供电所		编号	000000231
发令人	钱丁	受令人　赵贞	发令时间	2019 年 12 月 22 日 08 时 30 分
操作开始时间： 2019 年 12 月 22 日 09 时 11 分			操作结束时间： 2019 年 12 月 22 日 09 时 39 分	
（√）监护操作			（　）单人操作	
操作任务：周家 1 号配电室 1 号配电屏村南线由运行转为检修				

顺序	操作项目	√
1	确认 1 号配电屏村南线 11 开关	√
2	拉开 1 号配电屏村南线 11 开关	√
3	检查 1 号配电屏村南线 11 开关三相确已拉开	√
4	拉开 1 号配电屏村南线 11 刀开关	√
5	检查 1 号配电屏村南线 11 刀开关三相确已拉开	√
6	在 1 号配电屏村南线 11 开关上悬挂"禁止合闸、线路有人工作"标示牌	√
7	在 1 号配电屏村南线 1 号杆电源侧验电确无电压	√
8	在 1 号配电屏村南线 1 号杆电源侧装设 3 号接地线	√
	↵	
	已执行	
备注：		
操作人：李元　　监护人：　　　　　值班负责人：周进		

（24）低压电气操作票打印完成后，操作人、值班负责人没有在低压电气操作票上签名，就与监护人完成操作（见表5-24）。

表5-24　低压电气操作票

单位	闻韶供电所		编号	000000231
发令人	钱丁	受令人	赵贞	发令时间	2019 年 12 月 22 日 08 时 30 分
操作开始时间： 2019 年 12 月 22 日 09 时 11 分			操作结束时间： 2019 年 12 月 22 日 09 时 39 分	
（√）监护操作			（　）单人操作	
操作任务：周家 1 号配电室 1 号电屏村南线由运行转为检修				

顺序	操作项目	√
1	确认 1 号配电屏村南线 11 开关	√
2	拉开 1 号配电屏村南线 11 开关	√
3	检查 1 号配电屏村南线 11 开关三相确已拉开	√
4	拉开 1 号配电屏村南线 11 刀开关	√
5	检查 1 号配电屏村南线 11 刀开关三相确已拉开	√
6	在 1 号配电屏村南线 11 开关上悬挂"禁止合闸、线路有人工作"标示牌	√
7	在 1 号配电屏村南线 1 号杆电源侧验电确无电压	√
8	在 1 号配电屏村南线 1 号杆电源侧装设 3 号接地线	√
	↯	

（续表）

	已执行		
备注：			
操作人：	监护人：赵贞	值班负责人：	

（25）低压电气操作票中操作术语打印错误："11刀闸"应改为"11刀开关"（见表5-25）。"禁止合闸、线路有人工作"工作牌应改为"禁止合闸、线路有人工作"标示牌（见表5-26）。"保险"应改为"熔断器"（见表5-27）。

表5-25　低压电气操作票

单位	闻韶供电所		编号	000000672	
发令人	钱丁	受令人	赵贞	发令时间	2019年12月22日08时30分
操作开始时间： 2019年12月22日09时11分			操作结束时间： 2019年12月22日09时39分		
（√）监护操作			（　）单人操作		
操作任务：周家1号配电室1号配电屏村南线由运行转为检修					

（续表）

顺序	操作项目	√
1	确认 1 号配电屏村南线 11 开关	√
2	拉开 1 号配电屏村南线 11 开关	√
3	检查 1 号配电屏村南线 11 开关三相确已拉开	√
4	拉开 1 号配电屏村南线 11 刀闸 ⟶ 11 刀开关	√
5	检查 1 号配电屏村南线 11 刀闸 三相确已拉开	√
6	在 1 号配电屏村南线 11 刀闸 上悬挂"禁止合闸、线路有人工作"标示牌	√
7	在 1 号配电屏村南线 1 号杆电源侧验电确无电压	√
8	在 1 号配电屏村南线 1 号杆电源侧装设 3 号接地线	√
	↲	
	已执行	
备注：		
操作人：李元　　　监护人：赵贞　　　值班负责人：周进		

表 5-26　低压电气操作票

单位	闻韶供电所		编号	000000765
发令人	钱丁	受令人　赵贞	发令时间	2019 年 12 月 22 日 08 时 30 分
操作开始时间： 2019 年 12 月 22 日 09 时 11 分			操作结束时间： 2019 年 12 月 22 日 09 时 39 分	
（√）监护操作			（　）单人操作	
操作任务：周家 1 号配电室 1 号配电屏村南线由运行转为检修				

顺序	操作项目	√
1	确认 1 号配电屏村南线 11 开关	√
2	拉开 1 号配电屏村南线 11 开关	√
3	检查 1 号配电屏村南线 11 开关三相确已拉开	√
4	拉开 1 号配电屏村南线 11 刀开关	√
5	检查 1 号配电屏村南线 11 刀开关三相确已拉开	√
6	在 1 号配电屏村南线 11 开关上悬挂"禁止合闸、线路有人工作" 工作牌　　　　　　→　　标示牌	√
7	在 1 号配电屏村南线 1 号杆电源侧验电确无电压	√
8	在 1 号配电屏村南线 1 号杆电源侧装设 3 号接地线	√
	〜	
	已执行	
备注：		
操作人：李元　　　　监护人：赵贞　　　　值班负责人：周进		

表 5-27　低压电气操作票

单位	闻韶供电所		编号	000000390
发令人	钱丁	受令人　赵贞	发令时间	2019 年 12 月 26 日 08 时 49 分
操作开始时间：2019 年 12 月 26 日 09 时 19 分			操作结束时间：2019 年 12 月 26 日 09 时 46 分	
（√）监护操作			（　）单人操作	

顺序	操作项目	√
1	确认 1 号配电屏照明 1 线 101 开关	√
2	拉开 1 号配电屏照明 1 线 101 开关	√
3	检查 1 号配电屏照明 1 线 101 开关三相确已拉开	√
4	取下 1 号配电屏照明 1 线 101u 相保险	√
5	检查 1 号配电屏照明 1 线 101u 相保险确已取下	√
6	取下 1 号配电屏照明 1 线 101v 相保险 → 熔断器	√
7	检查 1 号配电屏照明 1 线 101v 相保险确已取下	√
8	取下 1 号配电屏照明 1 线 101w 相保险	√
9	检查 1 号配电屏照明 1 线 101w 相保险确已取下	√
10	拉开 1 号配电屏照明 2 线 102 开关	√
11	检查 1 号配电屏照明 2 线 102 开关三相确已拉开	√
12	取下 1 号配电屏照明 2 线 102u 相保险	√
13	检查 1 号配电屏照明 2 线 102u 相保险确已取下	√
14	取下 1 号配电屏照明 2 线 102v 相保险	√
15	检查 1 号配电屏照明 2 线 102v 相保险确已取下	√

（续表）

16	取下 1 号配电屏照明 2 线 102w 相 保险	√

备注：（1）本票接下页 000000391 号
　　　（2）李庄 2 号配电室 1 号配电屏照明 1 线 101 开关更换。

操作人：李元　　　监护人：赵贞　　　值班负责人：周进

　　（26）低压电气操作票中打印的操作内容与检查内容不相符合，"合好"应改为"拉开"（见表 5-28）。

表 5-28　低压电气操作票

单位		闻韶供电所		编号	000000522
发令人	钱丁	受令人	赵贞	发令时间	2019 年 12 月 22 日 08 时 30 分
操作开始时间：			操作结束时间：		
2019 年 12 月 22 日 09 时 11 分			2019 年 12 月 22 日 09 时 39 分		
（√）监护操作			（　）单人操作		
操作任务：周家 1 号配电室 1 号配电屏村南线由运行转为检修					
顺序	操作项目				√
1	确认 1 号配电屏村南线 11 开关				√
2	拉开 1 号配电屏村南线 11 开关				√
3	检查 1 号配电屏村南线 11 开关三相确已 合好 ➞ 拉开				√
4	拉开 1 号配电屏村南线 11 刀开关				√
5	检查 1 号配电屏村南线 11 刀开关三相确已拉开				√

6	在 1 号配电屏村南线 11 开关上悬挂"禁止合闸、线路有人工作"标示牌	√
7	在 1 号配电屏村南线 1 号杆电源侧验电确无电压	√
8	在 1 号配电屏村南线 1 号杆电源侧装设 3 号接地线	√
	↩	
	已执行	

备注	

操作人：李元 　　　　监护人：赵贞 　　　　值班负责人：周进

（27）低压电气操作票中打印的验电位置与装设接地线位置不符。3 号杆应改为 1 号杆（见表 5-29）。

表 5-29　低压电气操作票

单位	闻韶供电所			编号	000000811
发令人	钱丁	受令人	赵贞	发令时间	2019 年 12 月 22 日 08 时 30 分
操作开始时间： 2019 年 12 月 22 日 09 时 11 分			操作结束时间： 2019 年 12 月 22 日 09 时 39 分		
（√）监护操作			（　）单人操作		

（续表）

操作任务：周家1号配电室1号配电屏村南线由运行转为检修		
顺序	操作项目	√
1	确认1号配电屏村南线11开关	√
2	拉开1号配电屏村南线11开关	√
3	检查1号配电屏村南线11开关三相确已拉开	√
4	拉开1号配电屏村南线11刀开关	√
5	检查1号配电屏村南线11刀开关三相确已拉开	√
6	在1号配电屏村南线11开关上悬挂"禁止合闸、线路有人工作"标示牌	√
7	在1号配电屏村南线1号杆电源侧验电确无电压	√
8	在1号配电屏村南线 3号杆 电源侧装设3号接地线	√
	↶ 1号杆	
	已执行	
备注：		
操作人：李元　　　监护人：赵贞　　　值班负责人：周进		

（28）熔断器检查错误。低压电气操作票中打印的操作内容与检查内容不相符合。"装好"应改为"取下"（见表5-30）。

表5-30 低压电气操作票

单位	闻韶供电所			编号	000000590
发令人	钱丁	受令人	赵贞	发令时间	2019年12月26日08时49分
操作开始时间： 2019年12月26日09时19分			操作结束时间： 2019年12月26日09时46分		
（√）监护操作			（ ）单人操作		
操作任务：李庄2号配电室1号配电屏照明1线101开关由运行转为检修					
顺序	操作项目				√
1	确认1号配电屏照明1线101低压断路器				√
2	拉开1号配电屏照明1线101低压断路器				√
3	检查1号配电屏照明1线101低压断路器三相确已拉开				√
4	取下1号配电屏照明1线101u相熔断器				√
5	检查1号配电屏照明1线101u相熔断器确已取下				√
6	取下1号配电屏照明1线101v相熔断器				√
7	检查1号配电屏照明1线101v相熔断器确已取下				√
8	取下1号配电屏照明1线101w相熔断器				√
9	检查1号配电屏照明1线101w相熔断器确已装好				√
10	拉开1号配电屏照明2线102低压断路器 取下				√

（续表）

11	检查 1 号配电屏照明 2 线 102 低压断路器三相确已拉开	√
12	取下 1 号配电屏照明 2 线 102u 相熔断器	√
13	检查 1 号配电屏照明 2 线 102u 相熔断器确已取下	√
14	取下 1 号配电屏照明 2 线 102v 相熔断器	√
15	检查 1 号配电屏照明 2 线 102v 相熔断器确已取下	√
16	取下 1 号配电屏照明 2 线 102w 相熔断器	√

备注：（1）本票接下页 000000591 号
　　　（2）李庄 2 号配电室 1 号配电屏照明 1 线 101 开关更换。

操作人：李元　　监护人：赵贞　　值班负责人：周进

（29）低压电气操作票中没有打印装设接地线的编号，写成"接地线一组"。"接地线一组"应改为"3号接地线"（见表 5-31）。

表 5-31　低压电气操作票

单位	闻韶供电所		编号	000000231
发令人	钱丁	受令人	赵贞	发令时间	2019 年 12 月 22 日 08 时 30 分
操作开始时间： 2019 年 12 月 22 日 09 时 11 分			操作结束时间： 2019 年 12 月 22 日 09 时 39 分	
（√）监护操作			（　）单人操作	
操作任务：周家 1 号配电室 1 号配电屏村南线由运行转为检修				

（续表）

顺序	操作项目	√
1	确认 1 号配电屏村南线 11 开关	√
2	拉开 1 号配电屏村南线 11 开关	√
3	检查 1 号配电屏村南线 11 开关三相确已拉开	√
4	拉开 1 号配电屏村南线 11 刀开关	√
5	检查 1 号配电屏村南线 11 刀开关三相确已拉开	√
6	在 1 号配电屏村南线 11 开关上悬挂"禁止合闸、线路有人工作"标示牌	√
7	在 1 号配电屏村南线 1 号杆电源侧验电确无电压	√
8	在 1 号配电屏村南线 1 号杆电源侧装设<u>接地线一组</u>	√
	↲ 3 号接地线	
	已执行	
备注：		

操作人：李元　　　　监护人：赵贞　　　　值班负责人：周进

　　（30）接地线编号错误。低压电气操作票中打印的装设接地线是 1 号，现场使用的接地线是 3 号，不一致，"1 号接地线"应改为"3 号接地线"（见表5-32）。

表 5-32　低压电气操作票

单位	闻韶供电所		编号	000000505
发令人	钱丁	受令人　赵贞	发令时间	2019 年 12 月 22 日 08 时 30 分
操作开始时间： 2019 年 12 月 22 日 09 时 11 分			操作结束时间： 2019 年 12 月 22 日 09 时 39 分	
（√）监护操作			（　）单人操作	

操作任务：周家 1 号配电室 1 号配电屏村南线由运行转为检修

顺序	操作项目	√
1	确认 1 号配电屏村南线 11 开关	√
2	拉开 1 号配电屏村南线 11 开关	√
3	检查 1 号配电屏村南线 11 开关三相确已拉开	√
4	拉开 1 号配电屏村南线 11 刀开关	√
5	检查 1 号配电屏村南线 11 刀开关三相确已拉开	√
6	在 1 号配电屏村南线 11 开关上悬挂"禁止合闸、线路有人工作"标示牌	√
7	在 1 号配电屏村南线 1 号杆电源侧验电确无电压	√
8	在 1 号配电屏村南线 1 号杆电源侧装设 <u>1 号接地线</u>	√
	↩ 3 号接地线	
	已执行	
备注：		

操作人：李元　　监护人：赵贞　　值班负责人：周进

（31）标示牌错误。由于是线路停电，低压电气操作票中打印的悬挂"禁止合闸、有人工作"标示牌错误，应改为"禁止合闸、线路有人工作"标示牌（见表 5-33）。

表 5-33 低压电气操作票

单位	闻韶供电所		编号	000000288
发令人	钱丁	受令人	赵贞	发令时间	2019 年 12 月 22 日 08 时 30 分

操作开始时间： 2019 年 12 月 22 日 09 时 11 分	操作结束时间： 2019 年 12 月 22 日 09 时 39 分

（√）监护操作	（ ）单人操作

操作任务：周家 1 号配电室 1 号配电屏村南线由运行转为检修

顺序	操作项目	√
1	确认 1 号配电屏村南线 11 开关	√
2	拉开 1 号配电屏村南线 11 开关	√
3	检查 1 号配电屏村南线 11 开关三相确已拉开	√
4	拉开 1 号配电屏村南线 11 刀闸	√
5	检查 1 号配电屏村南线 11 刀闸三相确已拉开	√
6	在 1 号配电屏村南线 11 开关上悬挂"禁止合闸、有人工作"标示牌	√
7	在 1 号配电屏村南线 1 号杆电源侧验电确无电压	√
8	在 1 号配电屏村南线 1 号杆电源侧装设 3 号接地线	

"禁止合闸、线路有人工作"

（续表）

	已执行	
备注：		
操作人：李元　　　监护人：赵贞　　　值班负责人：周进		

（32）操作顺序颠倒。由于是线路停电，低压电气操作票中操作顺序打印颠倒，应先拉开关，后拉开刀开关（见表5-34）。

表5-34　低压电气操作票

单位				闻韶供电所		编号	000000186
发令人	钱丁		受令人	赵贞		发令时间	2019 年 12 月 22 日 08 时 30 分
操作开始时间： 2019 年 12 月 22 日 09 时 11 分				操作结束时间： 2019 年 12 月 22 日 09 时 39 分			
（√）监护操作				（　）单人操作			
操作任务：周家 1 号配电室 1 号配电屏村南线由运行转为检修							
顺序	操作项目						√
1	确认 1 号配电屏村南线 11 开关						√

（续表）

2	拉开 1 号配电屏村南线 11 刀开关	√
3	检查 1 号配电屏村南线 11 刀开关三相确已拉开	√
4	拉开 1 号配电屏村南线 11 开关	√
5	检查 1 号配电屏村南线 11 开关三相确已拉开	√
6	在 1 号配电屏村南线 11 开关上悬挂"禁止合闸、有人工作"标示牌	√
7	在 1 号配电屏村南线 1 号杆电源侧验电确无电压	√
8	在 1 号配电屏村南线 1 号杆电源侧装设 3 号接地线	√
	↤	
操作顺序颠倒	已执行	
备注：		
操作人：李元　　　监护人：赵贞　　　值班负责人：周进		

（33）漏项操作。低压电气操作票中操作任务第 6 项漏掉了"在 1 号配电屏村南线 1 号杆电源侧验电确无电压"，没有验电就直接装设接地线，低压电气操作票中出现了漏项。应先验电，再装设接地线（见表 5-35）。

表 5-35　低压电气操作票

单位	闻韶供电所		编号	000000661
发令人	钱丁	受令人	赵贞	发令时间	2019 年 12 月 22 日 08 时 30 分

<table>
<tr><td colspan="2">操作开始时间：
2019 年 12 月 22 日 09 时 11 分</td><td colspan="2">操作结束时间：
2019 年 12 月 22 日 09 时 39 分</td></tr>
<tr><td colspan="2" align="center">（√）监护操作</td><td colspan="2" align="center">（　）单人操作</td></tr>
</table>

操作任务：周家 1 号配电室 1 号配电屏村南线由运行转为检修

顺序	操作项目	√
1	确认 1 号配电屏村南线 11 开关	√
2	拉开 1 号配电屏村南线 11 开关	√
3	检查 1 号配电屏村南线 11 开关三相确已拉开	√
4	拉开 1 号配电屏村南线 11 刀开关	√
5	检查 1 号配电屏村南线 11 刀开关三相确已拉开	√
6	在 1 号配电屏村南线 11 开关上悬挂"禁止合闸、有人工作"标示牌	√
7	在 1 号配电屏村南线 1 号杆电源侧装设 3 号接地线	√
	在 1 号配电屏村南线 1 号杆电源侧验电确无电压　　已执行	
备注：		
操作人：李元　　　监护人：赵贞　　　值班负责人：周进		

（34）并项操作。低压电气操作票中打印的内容，将 u、v、w 三相熔断器合并成一项操作，出现并项操作和并项检查，熔断器 u、v、w 要分项操作（见表 5-36）。

表 5-36 低压电气操作票

单位	闻韶供电所		编号	000000690
发令人	钱丁	受令人	赵贞	发令时间	2019 年 12 月 26 日 08 时 49 分

操作开始时间：	操作结束时间：
2019 年 12 月 26 日 09 时 19 分	2019 年 12 月 26 日 09 时 46 分

（√）监护操作	（ ）单人操作

操作任务：李庄 2 号配电室 1 号配电屏照明 1 线 101 开关由运行转为检修

顺序	操作项目	√
1	确认 1 号配电屏照明 1 线 101 开关	√
2	拉开 1 号配电屏照明 1 线 101 开关	√
3	检查 1 号配电屏照明 1 线 101 开关三相已拉开	√
4	取下 1 号配电屏照明 1 线 101 熔断器	√
5	检查 1 号配电屏照明 1 线 101 熔断器确已取下	√
6	拉开 1 号配电屏照明 2 线 102 开关	√
7	检查 1 号配电屏照明 2 线 102 开关三相已拉开	√
8	取下 1 号配电屏照明 2 线 102 熔断器	√
9	检查 1 号配电屏照明 2 线 102 熔断器确已取下	√

熔断器 u、v、w 要分项操作

（续表）

10	拉开 1 号配电屏照明 3 线 103 开关	√
11	检查 1 号配电屏照明 3 线 103 开关三相确已拉开	√
12	取下 1 号配电屏照明 3 线 103 熔断器	√
13	检查 1 号配电屏照明 3 线 103 熔断器已取下	√
14	在 1 号配电屏照明 1 线 101 开关上悬挂"禁止合闸、有人工作"标示牌	

备注：（1）本票接下页 000000691 号
（2）李庄 2 号配电室 1 号配电屏照明 1 线 101 开关更换。

操作人：李元　　监护人：赵贞　　值班负责人：周进

（35）终止操作后，没有在低压电气操作票备注栏中注明原因，应手写原因，例如：1 号配电屏村南线 11 开关出现故障不能拉开，终止操作（见表 5-37）。

表 5-37　低压电气操作票

单位	闻韶供电所			编号	000000231
发令人	钱丁	受令人	赵贞	发令时间	2019 年 12 月 22 日 08 时 30 分
操作开始时间： 2019 年 12 月 22 日 09 时 11 分			操作结束时间： 2019 年 12 月 22 日 09 时 39 分		
（√）监护操作			（　）单人操作		
操作任务：周家 1 号配电室 1 号配电屏村南线由运行转为检修					

顺序	操作项目	√
1	确认 1 号配电屏村南线 11 开关	√
2	拉开 1 号配电屏村南线 11 开关	√
3	检查 1 号配电屏村南线 11 开关三相确已拉开	
4	拉开 1 号配电屏村南线 11 刀开关	
5	检查 1 号配电屏村南线 11 刀开关三相确已拉开	
6	在 1 号配电屏村南线 11 开关上悬挂"禁止合闸、有人工作"标示牌	
7	在 1 号配电屏村南线 1 号杆电源侧验电确无电压	
8	在 1 号配电屏村南线 1 号杆电源侧装设 3 号接地线	
	↲	
	已执行	

备注：1 号配电屏村南线 11 开关故障不能拉开，终止操作。

操作人：李元　　　监护人：赵贞　　　值班负责人：周进

（36）操作人员在失去监护的情况下独自操作。应双人操作（见图 5-1）。

图 5-1　双人操作

（37）操作人员不戴安全帽、不戴手套进行操作。应戴安全帽、戴手套操作（见图5-2）。

图 5-2　戴安全帽、戴手套操作

（38）操作人员和监护人员不使用低压电气操作票进行操作，事后补票。应使用低压电气操作票操作（见图5-3）。

图 5-3　使用低压电气操作票操作

（39）违章操作举例：

1）安全用具未贴醒目标签（本次试验日期、下次试验日期、使用电压等级、编号及手握限位标志）；

2）装设、拆除接地线时身体触及接地线；

3）安全用具不能满足操作要求或安全用具超周期而影响操作；

4）装设接地线用缠绕方式接地；

5）装设接地线未按先接接地端，后接导体端顺序进行；

6）拆除接地线未按先拆导体端，后拆接地端顺序进行；

7）未用合格相应电压等级的专用验电器验电；

8）装设接地线时，工作人员未使用绝缘棒或戴绝缘手套；

9）杆塔无接地引下线时，未采用临时接地棒；

10）验电前未将验电器在有电设备上进行检验，就直接验电；

11）所操作的设备名称编号与低压电气操作票上的设备名称编号不一致；

12）对于分项操作的内容在低压电气操作票上合项操作；

13）未检查送电范围内接地线确已拆除就送电；

14）安全用具未按定置管理要求存放，延误低压电气设备操作；

15）低压电气设备操作中途随意换人；

16）在操作中发生任何人身或设备责任事故或障碍；

17）操作人、监护人在低压电气设备操作过程中做与操作无关的事情。

第六章

低压电气操作票管理

一、低压电气操作票统计

（1）供电所已执行、作废和未执行的低压电气操作票，应分别存放不得遗失，对于已执行（见表6-1），作废（见表6-2）和未执行（见表6-3）的低压电气操作票保存时间不得少于1年，以便于检查和考核。

表6-1　低压电气操作票

单位		闻韶供电所		编号	000000431
发令人	钱丁	受令人	赵贞	发令时间	2019年12月22日08时30分
操作开始时间： 2019年12月22日09时11分			操作结束时间： 2019年12月22日09时39分		
（√）监护操作			（　）单人操作		
操作任务：周家1号配电室1号配电屏村南线由运行转为检修					
顺序	操作项目				√
1	确认1号配电屏村南线11开关				√

（续表）

2	拉开 1 号配电屏村南线 11 开关	√
3	检查 1 号配电屏村南线 11 开关三相确已拉开	√
4	拉开 1 号配电屏村南线 11 刀开关	√
5	检查 1 号配电屏村南线 11 刀开关三相确已拉开	√
6	在 1 号配电屏村南线 11 开关上悬挂“禁止合闸、有人工作”标示牌	√
7	在 1 号配电屏村南线 1 号杆电源侧验电确无电压	√
8	在 1 号配电屏村南线 1 号杆电源侧装设 3 号接地线	√
	ㄅ	
	已执行	
备注：		
操作人：李元　　监护人：赵贞　　值班负责人：周进		

表6-2　低压电气操作票

单位	闻韶供电所		编号	000000573
发令人	钱丁	受令人　赵贞	发令时间	2019年12月22日08时30分
操作开始时间：2019年12月22日09时11分			操作结束时间：2019年12月22日09时39分	
（√）监护操作			（　）单人操作	
操作任务：周家1号配电室1号配电屏村南线由运行转为检修				

顺序	操作项目	√
1	确认1号配电屏村南线11开关	
2	拉开1号配电屏村南线11刀开关	
3	检查1号配电屏村南线11刀开关三相确已拉开	
4	拉开1号配电屏村南线11开关	
5	检查1号配电屏村南线11开关三相确已拉开	
6	在1号配电屏村南线11开关上悬挂"禁止合闸、线路有人工作"标示牌	
7	在1号配电屏村南线1号杆电源侧验电确无电压	
8	在1号配电屏村南线1号杆电源侧装设3号接地线	
	↵	填票错误
	作废	

备注：

操作人：李元　　　监护人：赵贞　　　值班负责人：周进

表6-3　低压电气操作票

单位	闻韶供电所		编号	000000863
发令人		受令人	发令时间	
操作开始时间：			操作结束时间：	
（　）监护操作			（　）单人操作	

操作任务：周家1号配电室1号配电屏村南线由运行转为检修

顺序	操作项目	√
1	确认1号配电屏村南线11开关	
2	拉开1号配电屏村南线11开关	
3	检查1号配电屏村南线11开关三相确已拉开	
4	拉开1号配电屏村南线11刀开关	
5	检查1号配电屏村南线11刀开关三相确已拉开	
6	在1号配电屏村南线11开关上悬挂"禁止合闸、线路有人工作"标示牌	
7	在1号配电屏村南线1号杆电源侧验电确无电压	
8	在1号配电屏村南线1号杆电源侧装设3号接地线	
	✓	
	未执行	

备注：临时取消操作任务

操作人：　　　　　　　监护人：　　　　　　　值班负责人：

（2）供电所每月3日前将上月低压电气操作票进行汇总审核，并填写《低压电气操作票月度统计考核表》（见表6-4）。

表6-4 操作票月度统计考核表

单位：××供电所　　　　　　　　　　　　　　　　　年　月

序号	日期	操作票编号	操作任务	执行情况			操作人	监护人	考核
				已执行	未执行	作废			

合计：　张　　合格：　张　　不合格：　张　　合格率：　%

评价分析：

负责人　　填报人　　填报日期：　年　月　日

（3）低压电气操作票汇总审核计算分析需要安全质量员完成低压电气操作票汇总、低压电气操作票审核、不合格低压电气操作票计算、不合格票分析、低压电气操作票考核表填写等工作。

（4）低压电气操作票月度统计考核流程如下：①安全质量员对不合格低压电气操作票提出考核意见。②安全质量员在"填报人"栏签名。③所长审核无误后在"负责人"栏签名。④考核表上报县供电公司安监部。⑤考核兑现，低压电气操作票原始资料归档保存。

二、低压电气操作票合格率统计

低压电气操作票合格率计算公式：

$$低压电气操作票合格率 = \frac{正确的操作票份数}{应统计的操作票份数} \times 100\%$$

第七章

典型低压电气操作票填写举例

（1）配电室设备接线图见图 7-1。

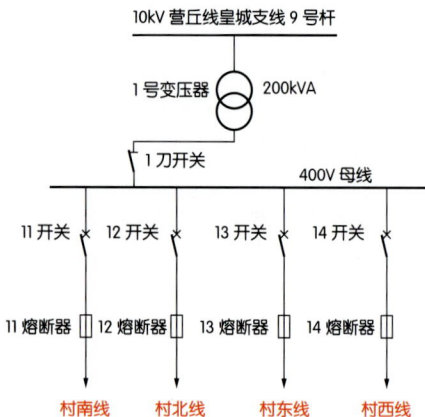

10kV 营丘线皇城支线 9 号杆

1 号变压器　200kVA

1 刀开关　　400V 母线

11 开关　　12 开关　　13 开关　　14 开关

11 熔断器　12 熔断器　13 熔断器　14 熔断器

村南线　　村北线　　村东线　　村西线

图 7-1　吴镇 2 号配电室设备接线图

（2）操作人根据操作任务并对照接线图打印低压电气操作票（见表 7-1）。

表7-1 低压电气操作票

单位	闻韶供电所		编号	000000881
发令人		受令人	发令时间	年 月 日 时 分
操作开始时间： 年 月 日 时 分			操作结束时间： 年 月 日 时 分	
（√）监护操作			（ ）单人操作	
操作任务：周家1号配电室1号配电屏村南线由运行转为检修				

顺序	操作项目	√
1	确认1号配电屏村南线11开关	
2	拉开1号配电屏村南线11开关	
3	检查1号配电屏村南线11开关三相确已拉开	
4	拉开1号配电屏村南线11刀开关	
5	检查1号配电屏村南线11刀开关三相确已拉开	
6	在1号配电屏村南线11开关上悬挂"禁止合闸、有人工作"标示牌	
7	在1号配电屏村南线1号杆电源侧验电确无电压	
8	在1号配电屏村南线1号杆电源侧装设3号接地线	
	↯	
备注：		
操作人： 监护人： 值班负责人：		

（3）签名并填写时间，操作一项打一个"√"，全部操作完毕，检查无误后盖章（见表7-2）。

表7-2　低压电气操作票

单位	闻韶供电所		编号	000000881
发令人	钱丁	受令人 赵贞	发令时间	2019 年 12 月 22 日 08 时 30 分
操作开始时间： 2019 年 12 月 22 日 09 时 11 分			操作结束时间： 2019 年 12 月 22 日 09 时 39 分	
（√）监护操作			（　）单人操作	
操作任务：周家 1 号配电室 1 号配电屏村南线由运行转为检修				

顺序	操作项目	√
1	确认 1 号配电屏村南线 11 开关	√
2	拉开 1 号配电屏村南线 11 开关	√
3	检查 1 号配电屏村南线 11 开关三相确已拉开	√
4	拉开 1 号配电屏村南线 11 刀开关	√
5	检查 1 号配电屏村南线 11 刀开关三相确已拉开	√
6	在 1 号配电屏村南线 11 开关上悬挂"禁止合闸、有人工作"标示牌	√
7	在 1 号配电屏村南线 1 号杆电源侧验电确无电压	√
8	在 1 号配电屏村南线 1 号杆电源侧装设 3 号接地线	√
	↙	
	已执行	

（续表）

备注：		
操作人：李元　　　　监护人：赵贞　　　　值班负责人：周进		